Kinfolk Korean Edition

Translator : Miran Kim

Publisher : Sangyoung Lee

Editors : Sangmin Seo

       Yoonyoung Choi

Editorial Designer : Somyung Oh

kinfolkeum@naver.com
blog.naver.com/kinfolkeum

DesignEUM
501 Eumbuilding,
20, Jahamun-ro 24-gil,
Jongno-gu, Seoul 110-033, Korea
Tel : +82 2 723 2556
blog.naver.com/designeum

Printed in Korea

Publication Design by Amanda Jane Jones
Cover Photograph by Parker Fitzgerald

KINFOLK

FOUR VOLUMES EACH YEAR

_____

CONTACT US
질문이나 의견은
kinfolkeum@naver.com으로 보내주세요.

WWW.KINFOLK.COM

WELCOME

이 번 호는 좀 더 시각을 넓혀서 평소 눈여겨보던 한 나라와 그 문화를 담아내고 싶었습니다. 여러 나라를 물색하던 우리는 일본에 대해 깊이 알아보기로 했습니다. 그곳의 문화는 우리가 살면서 지키려고 노력하는 원칙들에 대해 많은 울림을 주고 있기 때문입니다. 이번 호를 작업하면서 작가, 포토그래퍼, 일러스트레이터들이 보내온 글과 사진을 통해 우리는 일본에 대해 많은 것을 배울 수 있었습니다. 그들이 보내 준 먹음직스러운 음식 레시피, 대중에게는 잘 알려지지 않은 아름답고 경이로운 곳의 풍경 사진, 영감을 주는 사람들과의 인터뷰, 용어, 전통, 관습의 숨겨진 이야기까지 모두 이 책에 고스란히 옮겨 담았습니다. 하지만 우리는 문화 쪽으로는 전문가가 아니기에 깊이 접근하기에는 다소 어려움이 있어, 익숙하고 개인적인 내용들 위주로 다루었습니다. 킨포크라는 특수한 렌즈로 한 나라를 들여다보니 우리가 좋아하는 것들만 더 선명하게 보였기 때문입니다. 일본의 소박하고 아름다운 라이프스타일을 대변하는 그들만의 전통적인 가치(이치고 이치에-74쪽, 와비사비-88쪽)와 기술(인디고 염색-66쪽), 그리고 레시피(미역 오이 샐러드-100쪽, 절임 배추김치-130쪽)까지도 어느 하나 빼놓

을 수 없을 만큼 깊은 의미를 지니고 있었습니다.

본문 중 'HARVEST SERIES'에서는 스시와 단짝을 이루는 신비로운 초록빛 소스인 와사비 재배에 필요한 차갑고 깨끗한 물을 지닌 이즈반도의 산악 농업을 다루었습니다(36쪽). 또 시즈오카에 있는 녹차 농장을 방문하고(104쪽), 일본 남부 아이치현에 있는 한 섬에서 어부와 함께 배를 타고 바다로 나가 보기도 했습니다(96쪽). 일본은 개인, 단체, 나라 할 것 없이 모두가 소박하고 균형 잡힌 식생활을 하는 것으로 유명하지만 우리와 함께한 일본 친구들은 그중에서도 단연 돋보였습니다. 그들에게 배워 온 영감과 레시피, 그리고 팁을 여러분들과 나누고 싶습니다.

책의 소제목이 '작은 모임을 위한 가이드'에서 '작고 새로운 발견의 나날들'로 바뀐 것을 보셨을 겁니다. 그렇다고 해서 킨포크가 작은 모임을 위한 아이디어 구상을 소홀히 하는 것은 아닙니다. 다만 조금 더 실용적이고 실천할 수 있는 범위 내에서 집 요리, 아티스트, 제조자에 대한 글을 쓰려고 노력할 뿐입니다. 또한 여러분의 피드백에 항상 귀 기울이며 킨포크만의 시각적 미가 담긴 더욱 읽고 싶은 잡지를 만들기 위해 오늘도 고심하고 있습니다.

NATHAN WILLIAMS, EDITOR OF KINFOLK MAGAZINE

NATHAN WILLIAMS
Editor
Portland, Oregon

KATIE SEARLE-WILLIAMS
Web Editor
Portland, Oregon

GAIL O'HARA
Copy Chief
Portland, Oregon

AMANDA JANE JONES
Senior Designer
Ann Arbor, Michigan

ERICA MIDKIFF
Copy Editor
Birmingham, Alabama

MARÍA DEL MAR SACASA
Recipe Editor
New York, New York

BEN BIONDO
Designer
Portland, Oregon

DOUG BISCHOFF
Distribution
Portland, Oregon

JOANNA HAN
Assistant Web Editor
Portland, Oregon

PAIGE BISCHOFF
Sales & Fulfillment
Portland, Oregon

PARKER FITZGERALD
Photographer
Portland, Oregon

ASIA RIKARD
Office Manager
Portland, Oregon

ANDREW & CARISSA GALLO
Filmmaker & Photographer
Portland, Oregon

SEAN DANAHER
Editorial Assistant
Portland, Oregon

DIANA YEN
Writer
Brooklyn, New York

ADRIANA JAIME
Editorial Assistant
Portland, Oregon

NICK BAINES
Writer
Bournemouth, United Kingdom

RILEY MESSINA
Florist & Writer
Portland, Oregon

JULIE POINTER
Gatherings & Community Engagement
Portland, Oregon

MICHELE BRINE
Order Fulfillment
Portland, Oregon

SAER RICHARDS
Writer
Brooklyn, New York

JAMES BOWDEN
Photographer
Bournemouth, United Kingdom

NIKAELA MARIE PETERS
Writer
Winnipeg, Canada

DANICA VAN DE VELDE
Writer
Perth, Australia

SETH SMOOT
Photographer
New York, New York

RICHARD ASLAN
Writer
Bristol, United Kingdom

TINA MINAMI DHINGRA
Translator
Tokyo, Japan

TAKAMASA KIKUCHI
Writer
London, United Kingdom

AYA MUTO
Writer
San Francisco, California

ERIN KUNKEL
Photographer
San Francisco, California

LOU MORA
Photographer
Los Angeles, California

LAURA DART
Photographer
Portland, Oregon

KATHRIN KOSCHITZKI
Photographer
Munich, Germany

JOSH LESKAR
Writer
San Francisco, California

ETHAN KAWASAKI
Writer
Sandy, Utah

REBECCA PARKER PAYNE
Writer
Richmond, Virginia

NANCY SINGLETON HACHISU
Writer
Kamikawa-machi, Japan

KENICHI EGUCHI
Writer
Tokyo, Japan

KATIE STRATTON
Painter
Dayton, Ohio

BRENT SEARLE
Writer
Shelley, Idaho

LISA MOIR
Stylist
San Francisco, California

HIDEAKI HAMADA
Photographer
Osaka, Japan

JOY KIM
Illustrator
Portland, Oregon

ALPHA SMOOT
Photographer
New York, New York

CHRIS & SARAH RHOADS
Photographers
Seattle, Washington

LOUISA THOMSEN BRITS
Writer
East Sussex, United Kingdom

ROMY ASH
Writer
Melbourne, Australia

KENDRA SMOOT
Stylist
Brooklyn, New York

SAWAKO AKUNE
Writer
Tokyo, Japan

GENTL & HYERS
Photographers
New York, New York

BOB STANLEY
Writer
London, United Kingdom

AUSTIN SAILSBURY
Writer
Copenhagen, Denmark

ASHLEY PAQUIN
Writer
Portland, Oregon

KELSEY SNELL
Proofreader
Washington, D.C.

KATIE RIDLEY
Illustrator
Atlanta, Georgia

JULIA GRASSI
Photographer
London, United Kingdom

SARAH BURWASH
Illustrator
Nova Scotia, Canada

ISAAC BESS
Writer
San Francisco, California

ASHLEY SCHLEEPER
Writer
Brooklyn, New York

MASAFUMI KAJITANI
Translator
Tokyo, Japan

MAYUMI NIIMI
Writer
New York, New York

ANAIS & DAX
Photographers
Los Angeles, California

HITOMI THOMPSON
Writer
Portland, Oregon

HIROYUKI SEO
Photographer
Los Angeles, California

RACHEL JONES
Writer
Brooklyn, New York

ADAM PATRICK JONES
Photographer
Brooklyn, New York

FEW

ONE

한 사람을 위한 즐거움

一人の楽しみ方

。

LOVES FOOD, WILL TRAVEL

식도락 여행

INTERVIEW BY TAKAMASA KIKUCHI & PHOTOGRAPHS BY JULIA GRASSI

'이트립Eatrip'의 다재다능한 푸드 디렉터 유리 노무라에게
인생이란 기나긴 식도락 여행이다. 그녀에게서 요리 배경, 음식 철학,
현대인들의 식생활 방식에 대한 생각을 들어 보았다.

도쿄의 한 후미진 골목 안으로 들어가 작은 정원을 가로지르면 푸드 디렉터 유리 노무라가 운영하는 레스토랑 '이트립'이 나온다. 노무라는 지난 10년 동안 영화, 잡지, 레스토랑, 케이터링, 전시, 홍보, 강사의 길을 거쳐 왔다. 오로지 음식의 즐거움을 전달하고 싶다는 열정이 수단과 목적을 가리지 않고 여러 군데로 쏟아진 탓이다. 그녀는 음식과 인생에서 터득한 것에 대해 이야기를 풀어놓았다.

지금의 당신을 있게 한 결정적인 순간은 언제였나요?
어머니가 쿠키 강사세요. 그렇다 보니 자연스레 음식을 가까이 접하며 자랐어요. 어머니는 직접 요리해서 사람들을 저녁식사에 초대하는 걸 좋아하세요. 어릴 때 집 안에는 늘 음식과 손님, 웃음소리가 끊이지 않았어요. 특히 어머니가 손님을 반갑게 맞이하던 모습은 아직도 잊히지 않아요. 그때의 시간이 지금의 저를 있게 한 것 같아요.

음식 분야 일은 어떻게 시작하게 되었나요?
런던에서 요리 공부를 할 때에 테렌스 콘란을 알게 되었어요. 그는 그때나 지금이나 유럽 내 라이프스타일 디자인의 선구자이자 영향력 있는 디자이너죠. 그는 보기 좋게 공간을 재배치하거나 테이블, 의자를 비롯해 접시, 그릇, 찻잔, 포크, 나이프와 같은 음식과 관련된 일상 아이템들에 살짝만 변화를 줘도 라이프스타일을 충분히 향상시킬 수 있다는 사실을 알려 주었어요. 저는 도쿄로 돌아오자마자 일본 가구회사 『이디Idee』가 운영하는 레스토랑인 '이디 카페Idee Cafe'에서 스카우트 제안을 받았어요. 이디 카페는 콘란의 콘셉트를 토대로 저의 런던 유학생활 경험을 더했다고 보시면 돼요.

다양한 분야의 창의적인 사람들과 일하는 모습을 종종 보게 되는데 그러한 영감은 어디에서 얻나요?
이디 카페에 있을 때 독특한 기업 행사에 케이터링 서비스를 자주 했어요. 고객들은 장식에서부터 공간 배치, 테이블 장식, 음악, 음식까지 이벤트 전반을 제게 일임하는 경우가 많았죠. 그럴 때 디자이너나 음악가들과 함께 작업을 했어요. 말하자면 이벤트 특성에 따라 제가 개인적으로 좋아하는 그래픽 디자이너에게 음식 그리는 일을 맡기는 식으로요. 이런 경험이 제가 음식을 예술적으로 표현할 수 있게끔 영감을 주었죠.

영화 「이트립」을 제작하게 된 동기는 무엇인가요?

그때 당시 '로하스LOHAS(Lifestyles Of Health And Sustainability)'라는 말이 일본에서 한창 유행이었어요. 유기농 음식과 환경 보존이 우리에게 이롭다는 점을 받아들이는 것까지는 좋은데, 사실상 말뿐이었어요. 일종의 마케팅 전략에 불과했죠. 그런 걸 보고 있자니 인생과 음식의 즐거움에 대한 제 생각을 모두에게 보여주고 싶었어요. 그중에서도 영화가 음식에 대한 제 생각을 대중에게 효과적으로 알릴 수 있는 최고의 매체라고 여겼죠.

영화를 만들고 나서 상황이 어떻게 바뀌었나요?

전혀 기대도 안 했는데 영화 반응이 좋았어요. 그러면서 좋은 쪽이든 나쁜 쪽이든 제가 사람들에게 영향을 끼치는 자리에 있다는 걸 문득 깨닫게 됐죠. 그러자 제 행동에 책임감이 느껴지면서 결국 부담으로 다가오더군요. 어떻게 하면 음식과 제 신념을 결부시킬 수 있을까 고민하던 차에 여성 셰프로서 미국 사회에 지대한 영향을 끼친 인물로 제가 존경하던 '셰 파니즈Chez Panisse'의 앨리스 워터스를 떠올렸어요. 그리고 그녀가 있는 곳으로 가서 그녀의 음식 철학을 더 배우기로 결심했죠.

'셰 파니즈'의 생활은 어땠나요? 지금의 신념은 그곳에서 갖게 된 건가요?

정말 멋진 시간들을 보내며 아주 재미있는 셰프들과 함께 일을 했어요. 우리는 다함께 어울려서 서로의 음식 철학을 공유했답니다. 그들은 예술 공간을 빌려서 음식을 문화와 사회적 맥락과 연결해 실험하는 '오픈 레스토랑Open Restaurant'이라는 이벤트를 정기적으로 개최했어요. 나중에 그 친구들을 일본으로 초청해 '오픈 하비스트Open Harvest' 이벤트를 열었는데 매우 성공리에 끝마쳤답니다. 거기에 참가한 많은 일본인 셰프들에게는 음식에 대한 생각을 180도 바꿀 수 있는 계기였죠. 사실 그 사람들한테는 인생 전체를 바꾸는 경험이나 다름없었을 거예요. 이후에는 '노매딕 키친Nomadic Kitchen' 활동을 벌였어요.

'노매딕 키친'은 어떤 활동을 하나요?

노매딕 키친은 어느 한 장소를 방문해서 그곳의 자연과 문화를 경험해요. 농부를 만나서 농작법을 배워 보기도 하고, 요리를 해서 동네 주민들과 함께 어울려 먹기도 하죠. 몇 달 전에는 '이트립'이 규슈 섬의 후쿠오카에서 전시회를 열었는데, 전시회 마지막 날 노매딕 키친이 한쪽에 간이 주방을 만들고 방문객들에게 음식을 대접하기도 했어요. 그리고 지역 농부들을 일일이 찾아가 농산물을 직접 구매하는 활동을 했습니다. 후쿠시마 원전 사고 이후 일본 국민들이 음식의 안전성 문제에 굉장히 예민하잖아요. 국민들이 안심하고 먹을거리를 먹을 수 있게 하기 위해서는 산물이 어디서, 누가, 어떻게 재배했는지를 투명하게 알려주는 일이 중요하다고 봐요. 농부, 셰프, 소비자 간의 바람직한 관계를 형성하기 위해서는 신뢰와 존중에 기반을 두어야 합니다. 그리고 그것이 바로 우리가 음식을 평가하는 방식이 되어야 하고요.

어떤 음식을 제일 좋아하세요?

저장 음식을 좋아해요. 저장 음식은 전 세계에서 만들어지지만 문화, 기후, 자연환경에 따라 천차만별이죠. 저는 외국식 저장법을 응용해서 저만의 일본식 저장 음식을 만들어 먹어요. 예를 들어 멸치를 일본에서 나는 생선과 함께 저장 음식으로 만들어 먹죠. 다양한 지역 산물과 그 저장 방식은 제게 영감을 준답니다.

앞으로 어떤 일을 계획하고 계신가요?

지금은 일본 전통 다도를 배우고 있어요. 주인은 티타임에 초대한 손님들을 극진히 접대하죠. 꽃과 그림으로 응접실을 장식하고 손님의 취향이나 계절, 날씨 등을 고려해서 다도에 쓸 찻잔과 후식을 선별하는 식으로요. 다도의 요소 하나하나가 손님에 대한 환영의 표시라고 봐도 과언이 아닐 거예요. 이렇게 환영을 받으면 누구나 자신이 특별해진 것 같은 기분을 느낄 겁니다. ○

SUMMER HANDBOOK
여름나기 지침서

WORDS BY ROMY ASH & ILLUSTRATIONS BY SARAH BURWASH

뜨거워지고 있다. 그렇다. 바야흐로 여름이 찾아온 것이다.
온도계의 숫자가 올라가고, 신발장에서 플리플랍이 나왔다면
무더운 계절을 무사히 극복하기 위한 우리의 제안에 귀 기울여 보시라.

풍요로움 담기 산에 올라가 과일을 따 보자. 다른 때에는 내 옷깃을 찢어놓던 가시덤불도 지금은 각 종 열매들로 가득하다. 가시에 찔려 상처가 나더라도 하나둘 따다 보면 어느새 생각이 달라질 것이다. 과일의 달콤함은 절정에 달해 있고 야생에서 자란 갖가지 나무들은 열매를 주렁주렁 매달고 있다. 그 풍요로움을 담아 보존하는 일은 고되고 땀에 흠뻑 젖을 만큼 힘들지만 그만한 가치가 충분히 있다.

쌀쌀해지고 해가 짧아져도 당신 곁에는 여전히 햇살을 머금은 여름 과일, 잼, 피클, 처트니가 있 으니 마음이 든든할 것이다. 손수 만든 저장식품은 보고만 있어도 뿌듯하고 친구들에게 선물로 줄 생 각에 절로 기분이 좋아진다.

깊은 바다에서 수영하기 나는 거세게 몰아치는 파도가 없는 곳이나 잔잔한 호수 안쪽에서 그냥 둥둥 떠 있는 게 좋다. 물속에 양쪽 귀를 담그고 있으면 고독의 소리가 들려오고 머리 위로는 하늘에 떠 있 는 구름을 볼 수 있기 때문이다. 그렇게 물 위에 대자로 누워 떠 있으면 정말이지 기분이 끝내준다. 엄 마 배 속에 있는 것 같다고나 할까. 아무튼 굉장히 편안하다. 하지만 깊은 곳 수면 위에 누워 있다는 건 다소 아찔한 일이기도 하다. 그럴 때는 모든 생각을 내려놓아야 한다. 이런 식으로 수영을 즐기다 보면 사고방식은 긍정적으로 바뀌고 어떤 걱정거리도 티끌처럼 작게 여겨진다.

길 따라 걷기 창문을 열어놓고 여름 노래를 준비한 다음, 얼음물과 레모네이드를 들고 길을 따라 동 네 밖으로 나가보자. 친구와 함께하는 산책이라면 그저 먼 풍경을 같이 바라보기만 해도 쉽게 친밀 감이 느껴질 것이다.

혼자 하는 도보 여행 발걸음은 명상과 같다. 움직임은 역설적으로 고요함을 안겨 준다. 누구와도 말하 지 않을 때 비로소 우리는 나뭇가지를 이리저리 옮겨 다니는 작은 참새와 하늘 위로 날아오르는 독 수리를 마주한다. 이렇게 명상에 빠진 상태에서는 모든 것이 한껏 고조되어 있다. 명상을 마친 뒤 해 질녘 밀려드는 피곤함에는 행복이 물들어 있을 것이다.

풀장에 가기 내가 사는 곳의 날씨는 순식간에 180도 돌변한다. 맥을 못 출 정도로 무덥다가도 마치 빙하를 관통해 불어오는 듯한 남극 바람으로 일순간 쌀쌀해진다. 차가운 바람은 집 안으로 들이닥쳐 문을 흔들어 대고 종이를 사방으로 흐트러뜨린다. 얼마 전까지만 해도 저주를 쏟아 붓던 더위가 소중하게 느껴지는 순간이다. 이렇듯 바람은 내게 모든 것은 항상 변한다는 사실을 새삼 상기시켜 준다. 그러므로 차가운 바람이 언제 들이칠지 모르니 무더울 때 서둘러 풀장에 가기를 권한다.

해변에서 물건 줍기 얼마 전 나는 친구와 함께 해변에서 음식 모양을 닮은 돌들을 주우러 다녔다. 저녁 무렵 우리는 수많은 돌로 한상 가득 차릴 수 있었다. 빵 모양의 둥글납작한 돌과 패티 모양의 납작한 검은색 돌로 햄버거 다섯 개를 만들었다. 스테이크와 칩스, 소시지도 있었다. 먹을 수 있는 건 아니지만 그것은 바다가 우리에게 준 선물이었다. 조류는 해변의 형태를 바꿔 놓을 수 있다. 만조는 하루를 쓸어 가고 다시 새로운 하루를 가져다준다. 그리고 해초 목걸이, 조개껍데기, 상어 이빨, 잡동사니와 각종 쓰레기에서부터 햄버거 돌까지 우리에게 새로운 보물을 안겨 준다. 바다가 매일매일 우리에게 선사하는 새로운 선물을 찾는 일은 정말이지 놀랍고도 기쁜 일이 아닐 수 없다.

시원한 것만 먹기 여름에 오븐 켜는 것은 질색이다. 집 안은 이미 충분히 후덥지근하기 때문이다. 그럴 때는 이것저것 손이 가지 않고 뚝딱 만들 수 있는 시원한 음식이 제격이다. 나는 텃밭에서 바로 딴 커다란 에얼룸 토마토를 반으로 잘라 바다소금만 살살 뿌려 손님들한테 내곤 한다. 아니면 녹색 채소 샐러드나 삶은 달걀, 멸치절임 같은 것을 준비한다. 부득이하게 요리를 한다 해도 바비큐 정도다. 디저트로는 망고를 코코넛 우유에 섞어 아이스 캔디로 만든 것을 낸다. 식사는 꼭 야외에서, 해가 진 뒤에 한다.

그늘 찾기 겨울철 도시에서는 하루가 시작되어도 고층 빌딩들이 드리운 그림자 사이로 햇살 한 줄기조차 찾기 어렵다. 하지만 여름이 되면 상황은 역전된다. 사람들은 바람이 불어오는 빌딩의 그늘을 찾기에 여념이 없고, 주말이면 갖은 풀과 이끼가 무성한 산을 찾아가곤 한다. 쏟아지는 폭포로 팬 웅덩이에 짙은 초록빛 물이 흐르고, 조약돌이 발아래 부드럽게 밟히고, 소름이 돋을 만큼 차가운 물이 있는 그런 곳 말이다.

가족 별장 찾아가기 내 친구의 해변 별장에는 1960년대에 그의 할아버지가 손수 만든 가구들로 가득차 있다. 가구에 놓여 있는 영국산 그릇도 오랜 세월을 말해 주듯 누렇거나 칙칙하게 색이 바래 있다. 베란다를 향해 활짝 열려 있는 창과 문으로 해안선과 해변에 이어진 언덕이 내다보인다. 친구 조부모님의 흔적이 곳곳에 남아 있지만, 이제는 주말을 맞아 도시에서 찾아온 손자들과 그 친구들이 그곳에 머물며 새벽녘 해안 절벽에서 산책을 즐긴다. 이러한 별장은 왠지 유년시절의 추억을 떠오르게 한다. 그 추억은 마룻바닥이 반질반질 닳은 만큼 아련하기만 하다. ○

THE LANDSCAPE OF FLAWS

여백의 미가 있는 일본의 정원

WORDS BY DANICA VAN DE VELDE & PHOTOGRAPHS BY LAURA DART

보통 일본 문화라 하면 절제, 질서, 완벽함을 떠올리지만 정원에서만큼은
'와비사비'(투박하고 검소함을 추구하는 일본 전통 미적 철학)를 추구한다.
여기 영화 속 일본의 목가적인 풍경에 흠뻑 빠져버린 작가를 소개한다.

일본에 가 본 적은 없지만 소피아 코폴라 감독의 「사랑도 통역이 되나요?Lost in Translation」(2003)
를 보고 일본의 정원 가꾸기에 완전히 매료되고 말았다. 특히 일본의 정원 접근법에 대한 내 호
기심을 자극한 건 교토에 있는 젠 정원(Zen Garden, 일본 고유의 전통 정원 양식)의 모습이 담긴 작
은 사진이었다. 영화에서 교토로 홀로 기차 여행을 떠나는 스칼렛 요한슨(샬롯 역)의 눈에 비친 정원
의 사찰과 탑의 모습은 절로 감탄을 자아내게 했다. 감각 있는 영화감독 소피아 코폴라와 카메라 감
독 랜스 어코드는 수련이 핀 연못 위의 징검다리와 손으로 만든 종이꽃으로 치장한 고목의 이미지를
따라 관객들을 영화 속 여정에 자연스럽게 참여시킨다. 일본에 한 번도 방문해 본 적 없는 일인으로
서 나는 이 꿈같은 풍경에 한껏 도취되었다. 영화에는 불완전함과 쓸쓸함, 그리고 인간관계를 투영
하는 삭막하지만 아름다운 교토의 겨울 풍경이 담겨 있다. 그렇게 정원은 갈망과 상실이라는 메시지
를 우리에게 전하고 있었다.

생각해 보면 내가 일본의 정원 가꾸기에 관심을 갖기 시작한 건 십대 때부터였던 것 같다. 그때
어머니는 '이케바나'(いけばな, 일본식 꽃꽂이) 강좌를 듣고 계셨다. 강좌가 있던 매주 화요일 저녁
이면 어머니는 그 전주보다 한층 웅장하거나 아방가르드한 꽃꽂이를 들고 돌아오시곤 했다. 딱히 전
통 꽃꽂이에 관심이 없었던 나는 그렇게 이케바나식 꽃꽂이와 인연을 맺게 되었다. 이케바나식 꽃꽂
이의 꽃과 나뭇잎은 화단이라기보다는 건축 구조물을 연상케 했다. 어머니는 분재로까지 배움의 영
역을 넓혀 부엌 창틀에 화분을 줄줄이 늘어놓으셨고, 덕분에 나는 이상하게도 소박한 장식법에 매
료되고 말았다.

일본 정원의 폭넓은 장르에는 다양한 스타일이 있지만, 나의 관심을 사로잡는 건 언제나 비대칭
성과 자연과의 조화였다. 일본어로 '샤케이しゃっけい'는 '차경borrowed scenery'(먼 곳의 경치를 정원의 일
부처럼 이용하는 것)이라는 의미인데 바깥 풍경에서 영감을 얻는 가꾸기를 함축적으로 잘 표현한 말
이라 할 수 있다. 주변을 둘러싼 환경의 아름다움을 빌려 와 공적이고 사적인 정원으로 만든다는 점
에서 일본의 디자이너이자 원예사는 호주에서 내가 자라며 봐 온 정원의 개념과는 전혀 다른 관점을
제시한다. 자연과 경쟁하듯 대립하며 꾸며진 정원들과 달리, 일본의 정원은 지나침을 경계하고 겸손
함을 앞세워 이를 시각적으로 표현함으로써 일상에 깃든 아름다움을 부각시킨다.

"일본 정원의 폭넓은 장르에는 다양한 스타일이 있지만,
나의 관심을 사로잡는 건 언제나 비대칭성과 자연과의 조화였다."

내가 어릴 적 뛰놀던 정원은 장미 덤불, 깔끔하게 깎인 잔디, 꽃화분들로 가득했다. 반면 일본식 정원은 바위, 모래, 조약돌을 비롯한 여러 가지 요소들로 꾸며져 있다. 연못, 작은 폭포, 시냇물과 같은 물이 있고 정자, 조명등, 다리와 같은 포인트가 되는 건축물이 짙푸른 나무와 꽃들과 함께 소박하게 자리한다. 비록 일본 문화가 절제, 질서, 완벽함으로 정의되기는 하지만 정원을 엄격히 손질하지는 않는다. 오히려 정원의 디자인과 형태는 옛날부터 전해져 오는 일본 철학, 와비사비ゎびさび에 가깝다.

많은 문필가와 문화학자들이 와비사비의 콘셉트에 다양한 정의를 내렸는데 일반적으로 '와비'는 애잔한 사랑의 갈망, '사비'는 시간의 흐름과 연관된다. 그리고 이 두 단어가 합쳐지면 호젓함, 불완전함, 검소함의 미를 연상시킨다. 이는 특히 겉보기에 보잘것없고, 죽어가고, 한순간이며, 다듬어지지 않은 사물과 풍경에서 두드러진다. 이러한 점을 미루어 보면, 내가 「사랑도 통역이 되나요?」를 보고 정서적인 큰 울림을 받은 건 아마도 영화의 기술적인 면보다는 화면에 잡힌 지형이라는 상징성과 더 깊은 관련이 있는 듯하다.

내가 일본식 정원에서 울림을 느꼈던 불완전함과 자연과의 조화로운 모습은 그들이 큰 정원이나 작은 분재를 선호한다는 점으로 설명이 된다. 어릴 적에는 어머니의 분재를 옆에서 보고도 깨닫지 못했지만 다듬기, 가지치기, 철사 감기와 같이 분재의 구불구불한 곡선을 만들기 위한 기술도 와비사비의 개념을 반영하고 있다. 작은 몸집으로 거대한 자연 풍광을 보여 주고자 하지만, 인위적인 손길의 흔적은 남기지 않으려고 한 분재는 그런 면에서 다시 한 번 비대칭성과 불완전이라는 와비사비 개념과 통한다. 이러한 소박한 정신에서 나는 숭고하면서도 뭉클한 감정을 느낀다. 인위적인 손길을 배제한다는 것은 명상과 고요함, 몽상의 공간을 만들어 내기 위해 그만큼 자연에 중점을 두는 것이다.

일본식 정원은 내가 알던 궁극적인 미학의 개념을 바꾸어 놓았다. 일본 정원에 있다 보면 시각적인 현란함에 대해 다시 한 번 생각해 보게 되고, 순박하면서 다듬어지지 않고 겸손함을 갖춘 미와 우아함을 찾게 된다. ○

다니카 반 데 벨데는 웨스턴오스트레일리아 주 퍼스에서 활동하는 작가이다.

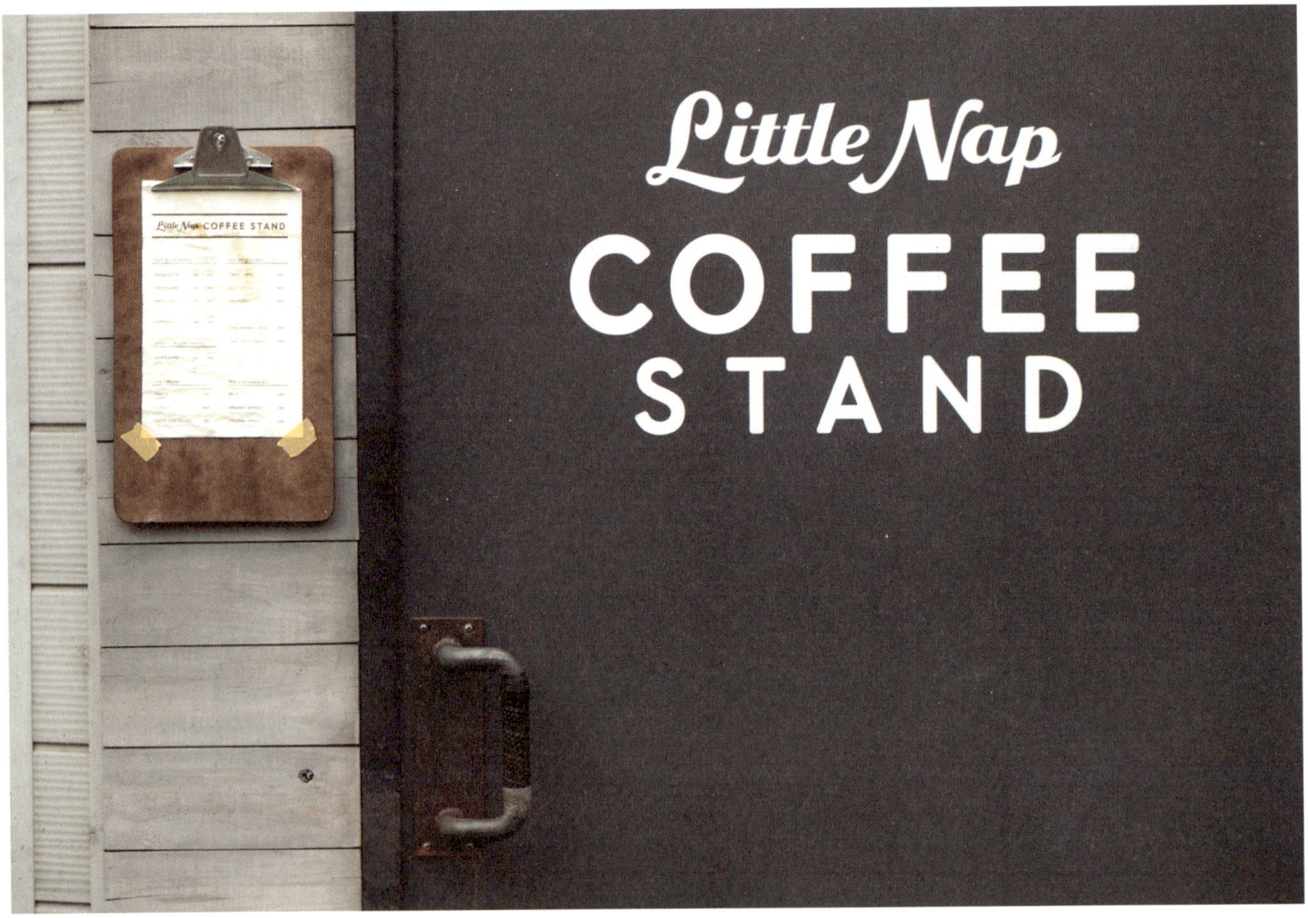
Little Nap
COFFEE
STAND
Little Nap COFFEE STAND

COFFEE STEPPERS
Little Nap
COFFEE
STAND
COFFEE & ICE CREAM
TAKE OUT / EAT IN
OPEN : 9:00 - 19:00
CLOSED EVERY MONDAY

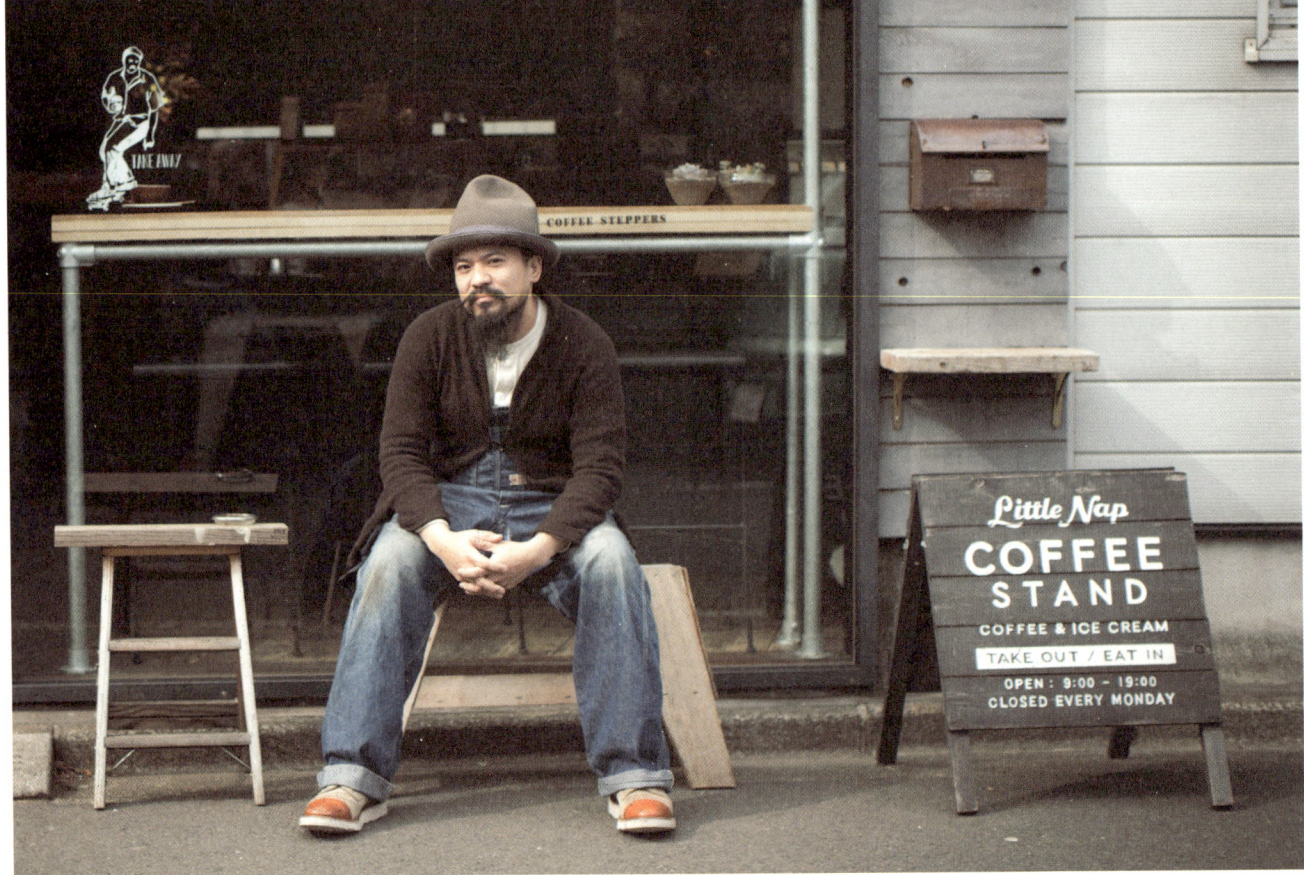

INSTANT EXTRACTION

발길을 머물게 하는 도쿄의 카페들

WORDS BY KENICHI EGUCHI & PHOTOGRAPHS BY LOU MORA

도쿄에 들를 때마다 우리끼리 즐겨 찾는 카페가 여러 곳 있다.
그중 추천하고 싶은 카페들이 몇 군데 있어 소개한다.

LITTLE NAP / '리틀 냅'은 흔히 볼 수 있는 카페가 아니다. 크기를 보면 가게라기보다는 가판대 수준에 가깝다. 요요기 공원 뒤쪽으로 나오면 개성 있는 사람들이 대다수 거주하는 도쿄 주택지 안에 리틀 냅이 조용히 자리하고 있다. 실내에 최소한의 좌석만 마련해 놓은(비싼 임대료 때문이다) 이곳의 운영 방식은 이제 도쿄에서 노점 카페의 트렌드가 되었다. 이는 가게 주인 다이스케 하마다가 생각하는 커피 즐기는 방식을 구체적으로 표현한 것이다. 카페의 현대적이면서 여유로운 느낌의 인테리어는 한 구두 수선 가게에서 영감을 받아 디자인했다고 한다. 핸드메이드로 커피를 내리지만 하마다는 커피와 에스프레소 기계를 모두 사용할 줄 아는 전문가로, 그날의 상황에 따라 기계를 미세하게 조정하기도 한다. 그리고 가게에는 이러한 전문 기술을 갖춘 바리스타가 몇 명 더 있다. 하지만 하마다는 모든 걸 자기 손으로 한다. 우리가 가게를 방문했을 때도 그는 레코드 스튜디오를 디자인하고 있었다. 그는 카페를 운영하는 일 말고도 음악 이벤트를 개최하거나 다른 카페 개업을 돕기도 한다. 또한 주방기구 상가로 유명한 카파바시에서 '브릿지Bridge'를 운영하고 있으며, 하라주쿠에 는 복합 문화 공간인 '베이컨트Vacant'를 열었다. 음악 밴드는 도쿄에 들를 때마다 그의 가게를 찾아와 그동안의 소식을 주고받으며 즐거운 시간을 보낸다. 하마다는 그런 시간을 좋아한다.

주소: 5-65-4 Yoyogi, Shibuya-ku / 전화: 03-3466-0074
영업시간: 아침 9시-저녁 7시(월요일 휴무) / littlenap.jp

OMOTESANDO KOFFEE / 'K'는 커피koffee, 키오스크kiosk(신문, 음료 등을 파는 매점), 그리고 쿠니토모Kunitomo를 의미한다. 이치 쿠니토모는 커피 관련 분야에서 이미 잔뼈가 굵은 사람이다. 카페 관리에 있어 베테랑으로 인정받고 있는 그의 가게여서 그런지 '오모테산도 커피'는 여느 카페보다 더 흥미롭다. 오모테산도의 한적한 골목을 따라 들어가면 일본 전통가옥 안에 위치한 이 작은 커피숍이 손님을 기다리고 있다. 나무로 만들어진 대문을 밀고 들어가면 예전에 살았던 사람들의 신발이 놓여 있을 것만 같은 현관이 나온다. 이제 가옥의 한가운데는 심발리Cimbali 커피 머신이 놓인 카운터가 되었다. 그곳에서 쿠니토모와 직원이 주문을 받고 커피를 내린다. 드립 커피가 대세지만 그는 기계로 커피를 내린다. 카푸치노와 마키아토는 유리컵, 도자기, 종이컵 중 선택해 가게 안의 작은 정원을 거닐며 마시거나 테이크아웃할 수 있다. 아쉽게도 그의 카페에는 앉을 수 있는 자리가 없다. 높은 임대료에 대처하는 쿠니토모의 영업 전략이다. 하지만 그는 맛좋은 커피로 고객에게 불편함을 보상한다. 공손하고 친절한 그는 정육면체 로고가 달린 약사 가운 같은 겉옷을 걸치고 있다. 정육면체는 카페 곳곳에서 발견할 수 있는데, 심지어 케이크마저도 작은 정육면체 모양이다. 커피 찌꺼기로 만든 정육면체 용기는 가게를 찾은 손님들한테 좋은 기념품이 되기도 한다. 하지만 인기가 많아서 서두르지 않으면 얻기 힘들다.

주소: 4-15-3 Jingumae, Shibuya-ku / 전화: 03-5413-9422
영업시간: 아침 10시-저녁 7시(공지 없이 휴무할 수 있음) / ooo-koffee.com

BREAD, ESPRESSO & / 오모테산도 주변을 거닐다 보면 '브레드, 에스프레소 &'라고 적힌 종이봉투를 들고 다니는 사람들을 볼 수 있다. '오모테산도 커피'의 쿠니토모가 운영하는 카페 겸 베이커리의 봉투다. 오모테산도 커피에 갔다가 입이 궁금하거나 잠깐 앉아 쉬고 싶을 때 '마이센Maisen'과 '로터스 카페Lotus Café'를 지나 이곳에 오면 된다. 가게 안에 들어서자마자 오븐에서 갓 구운 패스트리의 향이 코를 자극한다. 이곳에도 정육면체 모양의 빵이 있다. 날씨가 따뜻할 때에는 야외에 앉아 빵과 커피를 즐기는 것도 좋다. 커피 맛은 오모테산도 커피가 한수 위일지 모르지만 브레드, 에스프레소 &에도 커피를 찾는 손님들이 꽤 많다. 이곳 말고도 쿠니토모는 친구 길다스, 마사야와 함께 오모테산도 길 건너 동네에서 '키츠네Kitsuné'를 운영하고 있다. 그곳에 가면 쿠니토모가 손수 만든 다양한 공예 작품도 만나 볼 수 있다.

주소: 3-4-9 Jingumae, Shibuya-ku / 전화: 03-5410-2040
영업시간: 아침 8시-저녁 8시 / bread.espresso.jp

BE A GOOD NEIGHBOR / 겉보기에 무척 좁아 보이지만 '비 어 굿 네이버'는 틀림없는 카페다. 카운터에 네다섯 명 정도는 설 수 있는데, 그 카운터 뒤에서는 친절한 매니저 카지하라가 손님들에게 커피를 즐길 수 있는 다양한 방법을 열심히 설명하고 있다. 우리가 가게에 갔을 때도 그는 매우 가벼운 맛의 에티오피아산 커피콩을 에어로프레스로 내린 커피를 시음해 보라고 권했다. 건네받은 연한 색 커피에서 진한 향이 전해져 왔다. 커피를 이미 많이 마신 오후에 가볍게 들기에 완벽한 커피였다. 비 어 굿 네이버는 '랜드스케이프Landscape'에서 운영하는 커피 매장이다. 캘리포니아의 '히스 세라믹Heath Ceramics'과도 깊은 연관이 있는 『랜드스케이프 프로덕츠Landscape Products』의 대표인 신이치로 나카하라는 센다가야 초등학교 근처에 가구 매장 '플레이마운틴Playmountain'을 오픈하고 이어 '타스 야드Tas Yard'(음식과 함께 토산품도 함께 판매하는 카페), 어린이를 위한 '치고Chigo' 매장도 열었다. 그밖에도 근처에 '파피에 라보Papier Labo'(종이와 관련된 상품을 판매)와 '템베아Tembea'(일본 고급 캔버스 가방 브랜드)가 자리하고 있어서 눈요깃거리가 많다.

주소: 3-51-6 Sendagaya, Shibuya-ku / 전화: 03-5770-3195
영업시간: 아침 8시30분-저녁 6시(월~금) / 아침 11시30분-저녁 5시(토, 일, 공휴일)
beagoodneighbor.net/sendagaya

CAFE BACH / 많은 사람들이 도쿄의 커피 값이 비싸다고 한다. 나도 그렇게 생각해 왔다. 그런데 주변에 널린 프랜차이즈를 보면 역으로 과연 우리가 지불한 돈의 가치만큼 합당한 질의 커피를 마시고 있는지 생각해 보게 된다. 생긴 지 40년 된 '카페 바흐'는 그 동네가 빈민굴로 여겨져 '산야Sanya'라고 불리던 때부터 있었는데, 만화 배경지로 유명세를 탔다가 지금은 외국 여행객의 민박으로 유명한 나미다바시Namidabashi 다리 근처에 자리하고 있다. '카페 바흐'는 일본식으로 커피를 내리는 방법을 꾸준히 연구해 현재는 일본 전역에서 커피 전문점을 운영하는 많은 사람들을 교육하고 있다. 바흐 학교의 학생들은 마모루 타구치를 멘토로 여긴다. 타구치는 제대로 된 드립 커피를 마시고 싶은 사람들을 위해 이른바 '세미나'를 무료로 개최한다. 커피에 관심 있는 사람들이 외국 각지에서 기술을 배워 와 드립 커피를 내리는 것이 유행인 요즘 같은 시대에 그가 여는 학교는 구식처럼 보이기도 하지만 아직도 그를 존경하는 사람들이 많다. 여유가 된다면 커피 여행 일정 중 이 세미나에 참석해 봐도 좋을 것이다.

주소: 1-23-9 Nihonzutsumi, Taito-ku / 전화: 03-3879-2669
영업시간: 아침 8시30분-저녁 9시(금요일 휴무) / bach-kaffee.co.jp

켄이치 에구치는 작가이자 편집자 겸 번역가이다. 'food+things'라는 이름으로 워크숍과 케이터링 서비스를 제공하고 있으며 도쿄에서 영화 웹진 『아웃사이드Outside』를 발간하고 있다. ○

渋い

SHIBUI

勿体無い

MOTTAINAI

AN ILLUSTRATED GUIDE

WORDS TO LIVE BY
마음에 새기고 살아가야 할 말들

자기계발서따위는 치워
버리고 이미 오래전 효과가
입증된 일본식 개념을 마음에
새겨 보자. 우리 삶과 영혼이
한층 밝아질 것이다.

WORDS BY HITOMI THOMPSON
ILLUSTRATIONS BY JOY KIM

01 渋い 시부이

'시부이'는 '떫다'라는 말이다. 음식으로
치자면 사람들이 그다지 좋아할 만한 맛은
아니다. 산에서 갓 따온 봄나물이나 익지
않은 감을 먹어 보면 이런 떫은맛이 난다.
하지만 사람을 가리켜 '시부이'라고 말할 때는
정장을 잘 차려입은 남자다우면서도 중후한
중년 신사를 의미한다. 이는 어른만이
풍길 수 있는 그윽한 멋이다.

02 勿体無い 모타이나이

할머니들이 자주 하는 말이다. 그릇에 남은
밥을 다 먹으라고 할 때나(농부가 흘린
땀방울을 생각해서) 사람들과 더욱 어울리고
현재를 즐기라고 말할 때도 쓴다. 우리는
세상에 줘야 할 것이 많고 세상도 우리에게
줄 수 있는 것이 많기 때문이다. 어떤 물건이나
기회를 아깝게 허비하지 말라는 뜻이다.

生き甲斐
IKIGAI

故郷
FURUSATO

一期一会
ICHI-GO ICHI-E

---

03 生き甲斐 이키가이

이 말은 무엇을 위해 살아가는 것, 열정, 삶의 목적을 의미한다. 당신은 '이키가이'를 찾았는가? 그 이키가이가 일이건, 자원봉사건, 가족이건, 친구이건 간에 모두가 삶의 가운데서 깨닫게 되는 즐거움들이며 내게 주어진 몫 안에서 얻고자 하는 대상들이다.

04 故郷 후루사토

'후루사토'는 내가 태어난 곳, 즉 고향을 의미한다. 고향은 오늘날 나를 있게 한 곳이며, 친척들을 만나 뵙고, 조상들에게 예를 표하기 위해 가는 곳이다. 태어난 곳이 아니더라도 내 집 같이 느껴지는 제2의 고향이 있는 사람도 있다.

05 一期一会 이치고 이치에

'단 한 번의 인생, 만남, 파티, 모임, 기회는 다시 오지 않는다'는 뜻이다. 이는 차(茶) 의식에서 기원한 말로, 인생의 모든 것은 단 한 번뿐이니 매 순간을 소중히 여기라는 의미이다. 지금 여러분이 갖고 있는 모임도 다시는 똑같은 방식으로 이루어지지 않을 것이다. ○

KING OF CLAY

일본 최고의 도자기 공예가

도자기 공예가 료타 아오키는 '출중한 공예가'라는 말에 만족하지 않는다.
그는 도자기 산업 발전에 이바지하고 작품을 전시할 장소를
확보해야 한다는 과업을 짊어지고 있기 때문이다.

INTERVIEW BY BRENT SEARLE & PHOTOGRAPHS BY HIROYUKI SEO
TRANSLATED BY TINA MINAMI DHINGRA

일 본은 도자기의 기능 못지 않게 예술성도 중요하게 생각한다. 이미 오래전부터 도자기는 아름답 고도 실용적이며 장식할 수 있는, 흙으로 만든 물건으로 여겨져 왔다. 그래서 왕조가 몰락하고 새로 일어설 때마다 도자기는 필요 이상으로 분쟁의 대상이 되었다.

진흙을 모양을 내어 빚고 그 위에 유약을 발라 불에 구우면 찻잔, 밥그릇, 항아리, 접시, 화병, 장식품으로 탄생한다. 일본에서는 이러한 예술 작품을 탄생시킨 눈과 손을 대단히 명예롭게 여기며, 이러한 정서는 일본 문화 전반에 깊이 배어 있다.

이 일본 도자기의 미래가 료타 아오키에게 달려 있다. 옛것과 현대의 것이 어우러지는 작품을 추구하는 그는 섬세하고 정교한 흰색 도자기의 식기, 찻잔에서부터 망간을 섞어 구운 화병, 고딕 양식의 왕관과 해골 도자기에 이르기까지 작품의 폭이 매우 광범위하다. 그의 창의적인 작업 과정, 조직, 이벤트, 영향력에 대해 함께 이야기를 나눠 보았다.

도자기 공예를 어떻게 시작하게 되었는지 말씀해 주세요. 이런 유형의 작업과 예술의 어떤 점에 끌렸나요?
대학교에 다닐 때 인간의 하루는 크게 세 부분으로 나뉜다는 걸 깨달았어요. 일하는 여덟 시간, 잠자는 여덟 시간, 좋아하는 일을 하는 여덟 시간으로요. 그러면서 '좋아하는 일을 직업으로 삼는 건 어떨까' 생각하게 됐죠. 그때부터 제가 좋아하는 일이 무엇인지 찾기 시작했어요.

처음에는 옷과 액세서리를 만드는 일부터 시작했어요. 그리고 제게 가장 잘 맞는 일을 찾기 위해 아르바이트 형식으로 정말 다양한 일을 경험했어요. 그런데 "이거다!" 하는 게 없었죠. 그러던 어느 날 도자기 수업을 듣게 되었는데 처음 흙을 만지던 순간 강렬한 무언가가 느껴졌어요. 그때 바로 도예가가 되기로 결심했죠.

도자기 공예가 3천 년 동안 이어져 내려오고 있다는 점은 참 놀라워요. 기원전으로 거슬러 올라가 보면 그때 역시 도자기는 존재했어요. 물론 적절히 불에 구워진 건 아니지만요. 일본을 대표하는 도예가가 되고 싶어서 제 돌림판 앞에는 국기를 달아 놓았답니다. 천 년에서 2천 년 후쯤 누군가가 일본 예술가를 물었을 때 '료타 아오키'라고 이름을 대는 모습을 상상만 해도 무척 행복해요. 그래서 작품을 만들 때마다 이름을 새겨 넣고 있죠.

도자기 공예는 일본에서 대단히 존경을 받고, 도자기 제조 기술과 기법은 가족 대대로 이어진다고 알고 있습니다. 가족 중에 도예가가 있으신가요? 아니면 당신이 처음인가요?
저와 같은 일을 했던 분은 직계 가족 중에는 없어요. 친척 중에서도 없고요. 아마 제가 처음일 겁니다. 그리고 도자기 제조 기술과 기법은 가족 대대로 이어지고 다른 사람들에게 유출하지 않는 것이 사실입니다. 그래서 저는 우선 기본 지식부터 터득한 다음 기술을 연마하고 유약을 창조하는 단계를 거쳤죠. 그런 과정에서 지금 제 작품 대다수에서 볼 수 있듯이(와인잔처럼요) 저만의 스타일을 지닌 작품과 유약을 만들 수 있겠다는 확신을 얻었어요.

당신의 일에 영향을 준 사람 혹은 시기는 언제인가요? 작품을 만들 때 과거를 재창조하려고 노력하나요, 아니면 미래를 만드는 일에 열정을 쏟으시나요? 아님 둘 다인가요?
과거: 두 가지 의미를 지니는 속담이 있습니다. '모양은 물려받는 것이고, 정신은 계승되는 것이다'

일본에서 도자기 공예가 가장 번성했던 시기는 400년 전인 모모야마 시대(1573~1615)입니다. 지금까지도 이 시대의 영향을 받은 작품들이 많아요. 현대 도자기는 모모야마 시대의 시노 차완(시노 차 그릇)과 오리베 차완(오리베 차 그릇)을 본따 만든 겁니다. 이게 중요하다고 생각하지는 않지만 그걸 생각하면 가라오케가 떠올라요. 비틀즈의 노래를 새롭게 들려 주려고 안간힘을 쓰는 가수 같다고 할까요. 그래 봤자 리메이크 노래를 부르는 밴드인데 말이죠. 중요한 것은 ('모양'이 아니라) 과거의 '정신'을 이어받는 거예요. 즉 과거 도예가의 마음가짐과 같은 정신을 배우고 물려받아야 한다는 말입니다. 400년 전의 도예가들은 세상을 위해 새로운 무언가를 만들어 내고 싶어 했죠. 제가 계승해서 살리고 싶은 것이 바로 그러한 정신입니다.

제게 가장 영향을 많이 준 분은 영국 도예가 루시 리예요. 그분의 작품도 작품이지만 새로운 유약을 연구하고 개발하는 데 열정을 쏟는 모습을 존경해요. 저도 그렇게 실천하고 싶습니다. 코이 료지, 키타오지 로산진을 비롯한 여러 일본 도예가들도 제게 영향을 끼쳤고요.

미래: 제가 20대 때에는 작품을 팔아 먹고 살 수 있을 만큼 돈을 벌었어요. 전문 도예가가 되었다는 것에 만족했고 마음도 편안했죠. 그때부터 다시 사람들이 도자기의 예술적인 면에 경외심을 느꼈으면 좋겠다는 생각이 들었어요. 저는 도자기 산업을 통해 도자기의 예술적인 면을 되살릴 수 있다고 확신합니다. 지금은 다음 세대들이 도자기 공예 일만으로도 먹고 살 수 있도록 우리가 설 자리를 더 많이 마련하기 위해 애쓰고 있죠.

매년 여름마다 '이케얀Ikeyan' 이벤트에 참여하고 있는데 많은 젊은 도예가들과 학생들이 '도자기 공예로 어떻게 삶을 영위해 나갈 것인가'란 주제를 놓고 토론을 합니다. 이런 건 학교에서 다루는 진부한 주제와는 차원이 다르잖아요. 그래서인지 매년 약 200명의 사람들이 참가하고 있어요. 참가자들은 각자 자신이 만든 도자기 잔을 두 개씩 들고 옵니다. 하나는 그룹에 소개하기 위한 것이고(사람들을 서로 연결시켜 주는 아주 훌륭한 도구가 되니까요), 다른 하나는 비평과 피드백을 위한 것이죠. 그러면 우리는 유명 갤러리 큐레이터 10명을 모아서 솔로나 그룹 전시를 해도 괜찮을 법한 작품 10개를 선택해 달라고 부탁해요. 모두가 다음 세대의 도예가들을 이끌어 주기 위한 일이죠. 또한 도예가들이 전 세계에서 어떻게 생계를 꾸리며 살 수 있는지 이야기하고 싶어서이기도 하고요. 이런 목표를 토대로 최근에는 '포터Potter'라는 도자기 관련 소셜네트워크 플랫폼도 만들었답니다.

당신의 작품을 보면 다용도 도자기 식기에서부터 그보다 좀 더 다루기 힘든 재료로 만든 화병과 심지어는 점토와 메탈을 섞어 만든 것 같은 왕관과 해골에 이르기까지 그 영역이 매우 넓습니다. 작품의 영감은 어디서 얻으시나요? 그리고 작품의 재료는 어떻게 선택하시나요?
저는 일본뿐 아니라 세계 도자기 역사에서 한 번도 본 적 없는 유일무이한 작품을 창조하고 싶어요. 그러기 위해 1년에 만 오천 가지에 이르는 유약을 만들고 연구합니다. 작품은 그 실험 결과에 따라 결정합니다. 대개 직감에 따르는데 그건 언제 어떤 유약을 써야 하는지 잘 알고 있기 때문이에요.

도자기 작업은 시간이 매우 오래 걸리고, 가마 주변에 있을 때는 무척 뜨겁기도 할 텐데요. 하루에 몇 시간씩 작업을 하시나요? 또 일을 하지 않을 때는 무엇을 하시나요?
1년 365일이 제게는 휴일이나 다름없습니다. 이 일을 일이라고 생각하지 않고, 하고 싶은 것을 하는 중이라고 여기기 때문이죠. 도자기를 만드는 시간은 아침 9시부터 밤 9시까지입니다. 저는 장작을 넣는 가마를 사용하지 않아요. 제건 전기 가마죠. 그래서 버튼 하나만 누르면 됩니다. 커다란 오븐이라고 보시면 돼요. 보통 16시간 동안 굽습니다.

도자기를 만들지 않을 때는 세계 곳곳을 여행하며 도자기를 보러 다닙니다. 지금까지 세계를 돌며 다양한 도예가들을 만났어요. 작년에는 한 해의 삼분의 일을 여행하며 보냈습니다. 올해는 세계의 도예가들이 기후에 있는 제 스튜디오로 와서 기술을 배워 갔습니다. 올 봄에는 인도네시아와 칠레에서 온 도예가들을 수련생으로 받아들였어요. 기술과 지식을 제대로 배울 수 있도록 모두 1년 비자를 받도록 했죠. ○

THE CUTTING EDGE

칼이 지닌 참의미

일류 셰프가 소중하게 다루는 최고급 칼은 고유의 특성을
드러내면서도 주인의 품성을 고스란히 반영한다. 지금부터
한 셰프가 말하는 칼날 관리의 중요성에 대해 논해 보겠다.

아버지와 샌프란시스코로 여행을 떠났던 열
다섯 살 때 처음으로 일본 칼을 선물받았
다. 우리는 재퍼니즈 타운에 있는 한 칼 전문점
에 들어가 아버지는 '야나기yanagi'를, 나는 '우수
바usuba'를 골랐다. 내가 열성적인 요리사를 거쳐
마침내 셰프가 되었을 때 아버지는 당신의 야나
기를 물려주셨다. 그것은 성능 면에서는 그다지
뛰어난 칼은 아니지만 내 소장품 중에서는 가장
소중한 물건이다. 이후로도 나는 많은 칼을 사들
였지만 가장 좋아하고 거의 매일 사용하는 칼은
일본에서 산 서양 스타일의 '규토gyutou'이다. 칼
은 자신의 특성을 발전시키는 묘한 능력이 있어
서 칼 주인은 몇 년을 쓰고 나서야 그 칼을 조금
이나마 알게 된다. 칼은 어떻게 가느냐에 따라,
칼날이 어떻게 닳고 산화되느냐에 따라 칼질을
할 때 느껴지는 감촉이 다르다.

칼은 주방에서 가장 중요한 도구이자, 조리
라는 예술의 아이콘이다. 요리로 나온 음식은 요
리사가 그만의 칼로 새긴 문신과도 같다. 그래서
요리사는 남의 칼에 절대 손대지 않는다. 칼은 전
문 셰프와 요리사들이 일을 할 때 가져오는 유일
한 도구이며 요리는 대개 써는 것부터 시작되기
때문이다. 지방이 많은 생선의 배를 가르든, 미르
포아(당근, 양파, 셀러리 등을 잘게 깍둑썰기한
것)를 만들든 그 첫 번째 단계는 우선 칼로 준비
된 재료를 다루기 쉬운 크기로 자르는 일이다. 요
리의 성공 여부는 이 첫 번째 단계를 얼마나 잘
해냈는지에 달려 있다. 만약 칼질이 형편없이 되
었다면 칼은 재료와 그 결과물에 몹쓸 짓만 하고
만 셈이 된다. 예를 들자면 햇살을 가득 머금은

토마토가 완전히 익어 줄기에서 갓 떨어졌을 때
뭉툭한 칼을 대면, 속살은 뭉개지고 결국 상처만
남는다. 반면 수술용 메스처럼 날카로운 날은 토
마토 속살로 스르르 미끄러져 들어가 과즙이 풍
부하고 싱싱한 토마토를 얻을 수 있다.

진한 대리석 색깔의 다마스쿠스 강철Damascus
steel(도검용 칼)과 아름답게 일직선으로 뻗은 칼
에서부터 따스한 느낌의 원목 손잡이나 자연 호
른(밸브가 없는 호른), 뼈로 만든 덧받침(손잡이
와 날 사이의 연결 부분)으로 된 칼까지 일본산
칼만큼 시각적으로 강렬한 도구도 없을 것이다.
일본 칼은 수세기 전 사무라이가 검을 만드는 과
정에서 사용한 쇠를 벼리는 기법과 동일한 방법
으로 만들어진다. 손질이 잘된 일본 칼만큼 정교
하고 깔끔하게 모양을 만들거나 자를 수 있는 칼
도 없을 것이다.

일본인들은 무엇이 됐든 세부적인 내용을 남
과 공유하지 않는 것으로 유명한데, 이 엄격한 원
칙은 요리에서도 분명히 나타난다. 이러한 음식
문화가 진화하면서 칼을 만드는 장인은 다양한
종류의 칼을 개발해 왔고, 그중 많은 칼이 부엌
에서 특정 용도로 사용할 수 있도록 만들어졌다.
이런 다양한 종류의 칼은 일본인들이 음식, 재료,
그리고 재료의 원천인 땅을 얼마나 사랑하고 존
경하는지를 말해 준다.

나 역시 음식에 대한 애정이 깊어지면서 칼
과 그 칼이 부여하고 상징하는 모든 것에 대해
관심을 갖게 되었다. 날것 그대로의 재료를 먹음
직스러워 보이는 훌륭한 요리로 만들어 육체와
영혼마저 살찌우는 마법과도 같은 일 말이다. ○

WORDS BY ETHAN KAWASAKI & PHOTOGRAPHS BY ALPHA SMOOT
STYLING BY KENDRA SMOOT

THE COMFORT (FOOD) OF HOME

영혼을 다독이는 슈퍼마켓

WORDS BY NICK BAINES & PHOTOGRAPHS BY JAMES BOWDEN

활기 넘치는 차이나 타운과 지저분한 소호 거리가 맞물려 있는
런던의 한가운데서 일본 음식으로 위안을 얻는 사람들이
'아리가토Arigato'에 들러 각자 필요한 것을 찾는다.

아 리가토는 런던 피커딜리 서커스에서 불과 몇백 야드 떨어진 브루어 스트리트의 사무실 밀집 지역 근처에 있다. 화려한 극장가와 소란스럽고 지저분한 변두리 사이의 소호 거리에서 아리 가토는 조용히 자리를 지키고 있다.

제임스와 내가 슈퍼마켓 밖에서 만나기로 한 날은 런던답게 추적추적 비가 내렸다. 회색빛 굴을 연상케 하는 하늘에서 산발적으로 뿌려대는 비 때문에 우리는 하는 수 없이 길 건너에 있는 펍으로 피신해야 했다. 우선 자리를 잡고 기운을 차리기 위해 맥주 한 잔을 주문했다. 빗방울이 잔뜩 맺힌 창밖을 보니, 여러 직장인들이 뭔가가 든 흰색 비닐봉지를 손에 들고 잰 걸음으로 소박한 슈퍼마켓을 들락대고 있었다.

아리가토는 내가 오래 전부터 일본 식재료가 필요할 때마다 이용하던 단골 가게였음에도 불구하고, 이 가게에 이토록 다양하고 많은 사람들이 드나든다는 사실은 이날 처음 알았다. 엄청난 미소miso와 사케, 미역이 쌓여 있는 가게라는 사실을 뛰어넘어 아리가토는 사람들에게 위안을 주는 곳이었다. 치바 현에서 이민 온 지 얼마 되지 않은 한 소녀에게는 평소 즐겨 먹던 플라스틱 용기에 든 인스턴트 라면이, 잉글랜드 남부 해안에서 온 한 세일즈맨에게는 가게 한쪽 구석의 작은 테이블에서 맛있게 먹을 수 있는 식품 코너의 따뜻한 음식이 위안이 된다.

아리가토 밖에서 마주친 손님들과 이야기를 나누는데 '건강'이란 말이 여러 번 나왔다. 어떤 레시피에 어떤 재료를 쓸지는 모르지만, 아리가토를 찾는 손님들이 일본 음식 재료를 사는 이유는 분명 이곳을 찾는 그 사람들 수만큼이나 다양할 것이다. ○

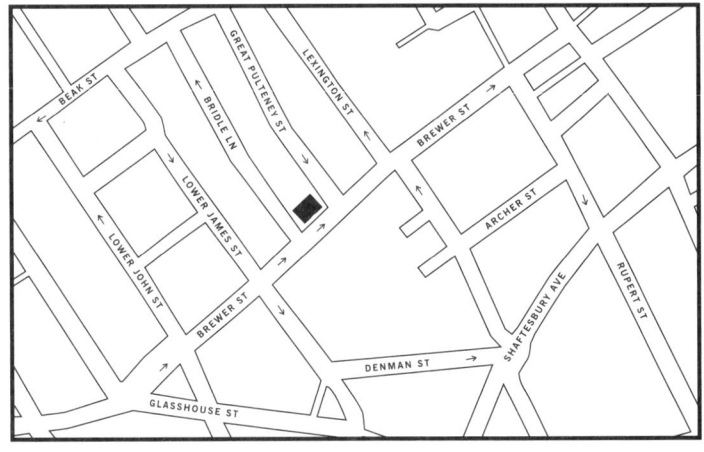

48–50 BREWER STREET, LONDON W1F 9TG
UNITED KINGDOM

NICK TINGLE

닉 팅글(24)은 현재 음악학 박사학위 과정에
있다. 홍콩인 여자 친구를 둔 그는 최근에
홍콩에서 그녀의 부모님을 만나고 온 이후
아시아 요리에 흠뻑 빠졌다. 그는 스시에
필요한 주방도구와 소바 면을 구입했다.

JOHN WHITE

항공 마케팅 이사인 존 화이트(56)는 사업차
런던에 올 때마다 챌트넘에 있는 한국인 아내를
위해 이곳에 들러 음식 재료를 사간다고 한다.

YUMIKO ISHII

유미코 이시(61)는 1973년 도쿄에서 런던으로
이민을 왔다. 시아추(손가락의 힘만을 사용해
마사지하는 일본 전통 치료기술) 시술자인 그녀는
미소, 불독 소스(일본 돈가스 소스), 낫토를
사기 위해 정기적으로 아리가토를 찾는다.

CHRIS BOATENG

28살의 스타일리스트인 크리스 보아텡은 런던
남서부 지역에서 왔다. 머릿속에 딱히 생각해
놓은 레시피는 없고 와사비 가루와 미역을
사서 마음 가는 대로 요리할 계획이다.

STEPHEN MARKESON

스티븐 마케슨(69)은 『타임스The Times』에서
포토저널리스트로 일하다 은퇴했다.
"건강한 음식을 먹고 싶어요. 그래서 일본
음식을 자주 먹습니다." 아리가토에는 미소
된장국과 와사비를 입힌 콩을 사러 들렀다.

MIYA KAO

미야 가오는 5년 전 대만에서 런던으로 이주했다.
25살의 세일즈 컨설턴트인 그녀는 집에 오기로 한
친구들에게 대접할 샤브샤브 재료를 구입했다.

LEANDRO FARINA AND NATALIE STOPFORD

포토그래퍼 레안드로 파리나(33)와 시각효과
프로듀서인 나탈리 스토포드(35)는 음식 재료를
사러 정기적으로 아리가토를 방문한다.
이날은 가츠동(돈가스 덮밥)과 스시를 샀다. ○

WASABI HARVEST

와사비 수확하기

WORDS BY NIKAELA MARIE PETERS & PHOTOGRAPHS BY JULIA GRASSI

머스터드와 서양고추냉이의 친척쯤 되는 코를 뻥 뚫어 주는
밝은 연두색 소스인 와사비는 보통 뿌리를 먹거나 가루로 만들어 쓴다.
여기 와사비의 재배에서 소비까지 그 자세한 과정을 공개한다.

나는 와사비 농장을 생각하면 바다 수면 위로 툭 불거져 나온 산호초 군락이 떠오른다. 복잡하게 얽힌 바위들 사이로 녹색의 생명체가 힘껏 닿을 수 있는 곳까지 땅 위를 빽빽이 뒤덮고 있다. 그 위에 빛이 비스듬히 비치고 시원한 공기가 감싼다. 그림자와 안개가 농장을 뿌옇게 뒤덮고 있는 동안에도 왠지 저 멀리 머리 위로는 따뜻하고 밝은 곳이 존재할 것 같은 느낌이 든다. 손이 닿으면 금방이라도 찢어질 것 같은 와사비의 연약한 백합 모양 잎은 소박한 파라솔 역할을 하며 줄기와 뿌리에 희미한 그림자를 드리워 준다.

와사비를 재배하는 농부는 저마다 자기들만의 경작과 추수 방식이 있다. 가족 대대로 전통이 세습되기 때문에 재배와 추수 방식도 농가마다 다른 것이다. 또한 와사비를 재배할 수 있는 환경이 특수해서 농장의 수가 제한적이다 보니 와사비 자체도 농가마다 특성이 제각각이다. 그러나 똑같은 점도 있다. 봄에 꽃을 피우면 종자로 쓸 씨앗을 수확한다는 점이다. 그렇게 얻은 씨앗을 땅에 심어 다 자랄 때까지 보통 1년 반에서 3년 정도가 걸린다. 3년 된 와사비는 거둬들일 때 뿌리째 완전히 뽑아 버린다. 이때 영양소와 향을 담고 있는 뿌리줄기가 바로 우리가 스시와 함께 곁들여 먹는 그 매운 소스가 된다.

구릉지 같은 지대에서 스스로 자라는 것 같지만 와사비 농장은 매우 복잡하고 전문적인 손길을 필요로 하는 오아시스다. 물 온도에서부터 돌의 모양과 크기에 이르기까지 많은 요소들이 와사비의 품질에 영향을 끼친다. 계단식 밭은 마치 강물이 산 위에서 아래로 흐르는 형국이어서 농부들은 계속해서 흐르는 물의 양을 조절해 가며 와사비에 물을 댄다.

일본 문화의 많은 요소들처럼 와사비도 재배에서 소비까지 전통적인 단계를 거친다. 보통 스시에 곁들여 먹는 소스로 많이들 알고 있는데(사실 우리가 스시 가게에서 먹고 슈퍼마켓에서 구매하는 건 녹색으로 착색한 서양고추냉이인 경우가 많지만) 식물 와사비는 그 쓰임새가 훨씬 다양하다. 와사비는 상처를 입었을 때 스스로 강한 유황빛 화합물을 만들어 내는데 바로 이 때문에 사람들이 와사비를 먹으면 코가 맵고 눈물이 찔끔 나오는 것이다. 그런데 이 성분은 '산뜻한' 맛을 내기도 해서 해산물의 비린내를 제거해 주기도 한다. 또한 건강에도 좋아서 현재 암 연구자들은 와사비의 암 예방 효과에 대해 연구하고 있다.

와사비를 키우는 농부들에게 우리는 무엇을 배울 수 있을까? 오래된 방식이 종종 최고의 방식이라는 것, 자연의 미래를 보고 세우는 계획이 최고의 결과를 낳을 수 있다는 것, 인내는 그만한 값어치가 있다는 것, 때로는 비밀을 지킬 줄 알아야 최고의 맛을 오래 유지할 수 있다는 점이 아닐까. ○

니카엘라 마리 피터스는 캐나다 매니토바 주 위니펙에서 살고 있다. 그녀는 현재 대학교에서 신학 과정을 마쳤다.

JUST THE FLAX: FOG LINEN

'포그 리넨'이 말하는 리넨

유미코 세키네는 어릴 때 집 여기저기를 채우고 있던 재료에서
영감을 받아 심플하면서도 내구성이 강한 클래식 리넨 의류와
제품을 판매하는 글로벌 브랜드 '포그 리넨'을 창립했다.
그녀의 성공 스토리에 대해 몇 가지 질문을 던져 보았다.

INTERVIEW BY SAER RICHARDS & PHOTOGRAPHS BY PARKER FITZGERALD

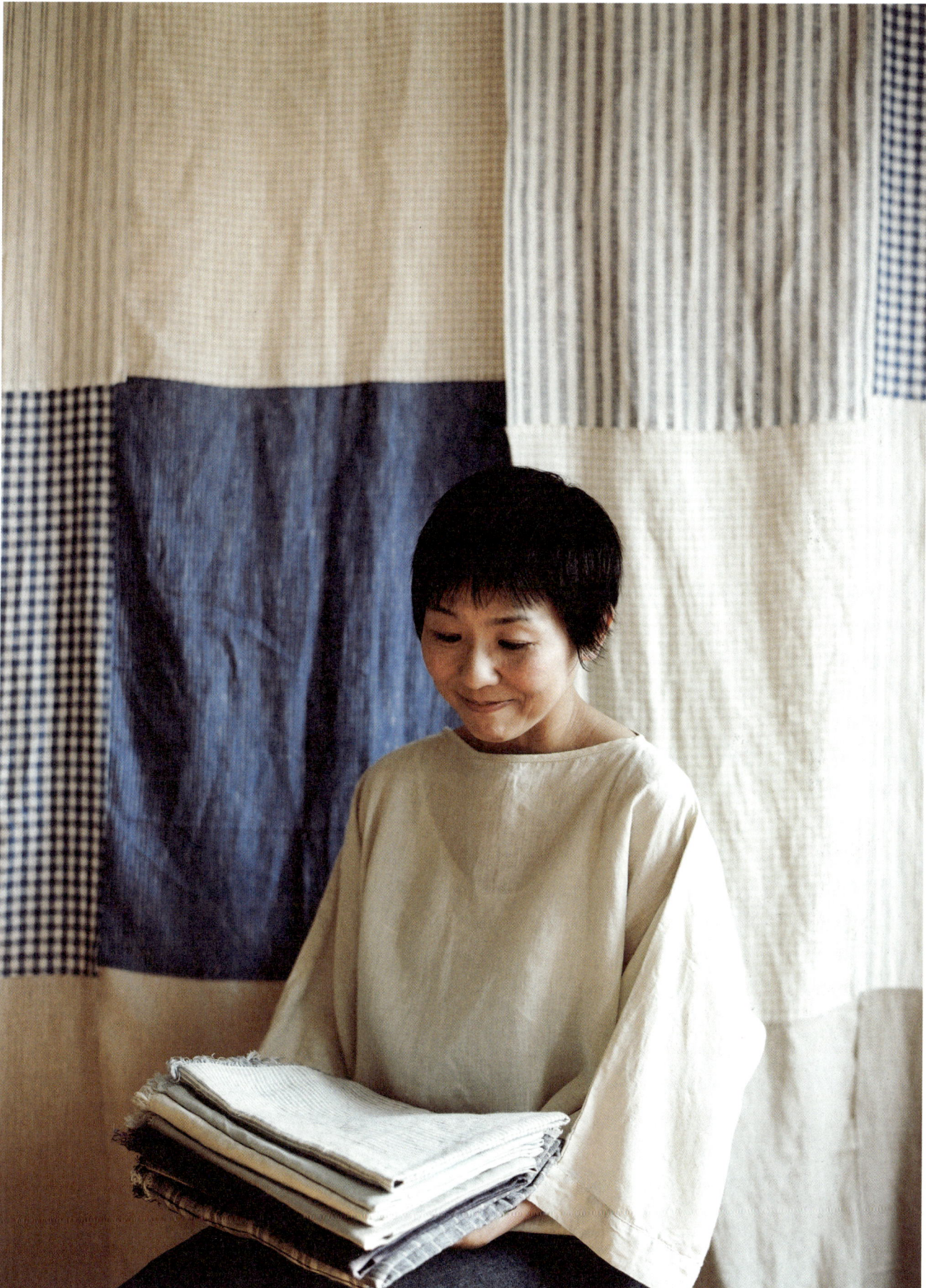

어쩌다 우연히 인생의 천직을 만나는 사람이 있는가 하면 그냥 가업을 물려받는 사람도 있다. 그런데 어째서 가업을 물려받아야 했는지를 정확히 이해하고 멋지게 설명하는 사람들이 있다. 유미코 세키네가 바로 그렇다. 그녀는 어린 시절 집 곳곳에서 보았던 리넨을 새롭게 재창조하고 싶다는 간절한 바람 끝에 자신의 천직을 찾았다. 그리고 10여 년 전 우연히 리투아니아로 여행을 떠났다가 그 꿈을 현실로 이루었다.

유미코의 『포그 리넨Fog Linen』 브랜드는 집을 집답게 만드는 여러 가지 기본적인 제품을 판매하는데, 그 모두가 100% 리넨으로 만들어졌다. 리넨에서 영감을 얻었던 그녀의 어머니는 무채색 냅킨, 여름 교복을 연상케 하는 체크 무늬로 만든 이불과 같이 집 안을 온통 리넨으로 장식했다. 이야기를 들어 보니 유미코의 한때 목표가 '행복한 주부'가 되는 것이었다는 사실이 그렇게 놀랍지만은 않았다. 그래서 그런지 그녀가 만든 제품들은 언제나 집 같은 편안한 느낌이 난다.

그녀를 처음 만났을 때 조용하고 연약해 보이는 사람이 체력을 요하는 쉽지 않은 일을 해낸다는 사실에 단번에 그녀에 대한 호기심이 일었다. 목소리는 어찌나 나긋나긋하던지 마치 단어 하나하나가 바람에 실려 전해지는 것만 같았다. 하지만 차분함 속에 강인함과 대담함이 감춰져 있음을 느낄 수 있었다. 그리고 그런 점은 그녀의 작품 속에서 엿볼 수 있었다. 그녀의 모든 작품은 수십 년 동안 집에 놓고 써도 끄떡없을 정도로 나무랄 데 없이 세심하게 디자인되어 있었다.

그녀의 가족이 전통적인 일본 가족 형태가 아니라는 사실과 헌책을 찾아 세계 반 바퀴를 돌게 된 까닭, 브랜드 상속에 대해 그녀와 이야기를 나누면서 나는 다시 한 번 그녀에게 매료되고 말았다.

살아온 배경에 대해 이야기해 주세요.

제가 회사를 차리게 될 줄은 정말 몰랐어요. 대학교에 다닐 때까지만 해도 행복한 주부가 되는 게 꿈이었거든요. 그런데 작고 앙증맞은 카페 겸 주방용품 판매점에서 일을 해 보니 정말 재미있더라고요. 결국 학교도 빠지고 하루 대부분의 시간을 카페에서 요리를 하며 보냈어요. 심지어 가게의 상품 판매 일을 돕기까지 했죠. 그것이 제가 선물 사업에 관심을 갖게 된 계기가 되었어요. 그런데 막상 대학교를 졸업하고 2년 동안은 가구 회사에서 일했어요. 그곳에 있을 때 필리핀으로 출장을 가서 가구 제조 과정을 감독하고, 현지 선물 페어를 비롯해 유럽에서 열리는 가구 디자인 페어를 방문하는 기회를 갖기도 했죠.

가구 회사를 그만둔 뒤에는 반 년 간 외국 서적을 취급하는 작은 서점에서 일을 했어요. 서점은 정말 작아서 손님들을 끌 수 있는 뭔가가 필요했죠. 그래서 제가 중고 외국 서적을 사 와서 대형 서점과는 차별화를 두자는 제안을 했어요. 사장님은 자신이 비용을 대줄 수는 없지만 자비로 간다면 그렇게 하라고 하더군요. 그때 모아둔 돈이 3천 달러 정도 있었어요. 그래서 뉴욕행 티켓을 끊고 헌책방을 찾아 구석구석 돌아다녔지요. 그렇게 현지에서 구매한 책을 들고 일본으로 돌아왔고, 그 책들은 바로 팔렸어요. 뉴욕에 다녀온 이후에는 포틀랜드, 보스턴, 시애틀 등지를 돌아다니며 책을 사들였어요. 책들을 트렁크에 넣고 다니다가 트렁크가 부서지는 일이 부지기수였죠. 책들이 정말 무거웠거든요.

그때 샌프란시스코를 여행하다가 멕시코에서 철제 바구니를 만들어 파는 사람을 만나게 됐어요. 전 곧바로 수입하기로 결정했고 철제 바구니는 일본에서 아주 잘 팔렸어요. 그건 지금까지도 저희 상점 판매상품 목록에 있답니다. 그때부터 사업은 책이 아닌 선물을 수입하는 일로 바뀌었어요. 그 편이 훨씬 더 쉬웠죠. 발품 팔아가며 서점 곳곳을 기웃거리지 않아도 되고, 팩스 한 장이면 모든 걸 주문할 수 있었으니까요. 선물 도매 사업을 확장하기로 하고 아이템들을 계속 추가했어요. 그런데 그때 이모할머니가 리투아니아에서 친구분들과 함께 일본 식당을 여셨어요.

잠깐, 어디요?

리투아니아요. 도쿄에 있는 이모할머니 집에 리투아니아 교환학생이 하숙을 하고 있었는데, 그때 마침 리투아니아가 러시아에서 독립을 하게 됐던 거예요. 그래서 학생들이 본국으로 돌아가기가 좀 어려워졌던 거죠. 학생들은 어쩔 수 없이 몇 년 동안 일본에 머물면서 집에 돌아가면 무얼 할지 서로 이야기를 나누었나 봐요. 그때 일본 식당을 함께 차리자는 이야기가 나오게 된 거죠.

전 원래부터 리투아니아에 관심이 있었어요. 그런데 처음 그곳에 갔을 때 가정용품 가게에 리넨으로 된 타월이 없어서 좀 놀랐어요. 알고 보니 리투아니아 사람들은 평소에 리넨을 쓰지 않더군요. 내수보다는 해외 수출을 많이 하고 있었어요.

리투아니아가 리넨 제조에 매우 오랜 역사를 가지고 있는데 이제는 쓰지 않는다는 건가요?

리넨을 수출용으로만 제작하고 있었어요. 리넨으로 된 웨딩드레스는 봤어도 리넨으로 만든 키친타월이나 앞치마는 하나도 보지 못했죠. 할머니 친구들은 저를 위해 리넨을 바느질해서 일본으로 보내 줄 나이 많은 여성을 찾아보겠다고 했어요. 그런데 문제는 그들이 일본에 수출해 본 경험이 없다는 거였죠. 전 전화번호부를 뒤적거려 공장 열 군데 정도에 전화를 걸었어요. 대부분이 영어를 못해서 말도 못 해보고 그냥 끊었죠. 그나마 딱 두 군데가 영어를 할 줄 알았어요. 원래는 그쪽에서 바로 리넨을 구매할 생각이었는데, 거기에는 제가 확인할 수 있는 실제 상품의 샘플이 없더라고요. 그냥 리넨 원단만 있었죠. 어쩔 수 없이 제가 디자인을 스케치하고 공장 측에서 그대로 제품을 만들었어요. 그렇게 지금의 일을 시작하게 됐답니다.

당신의 제품은 거의 100% 리넨이죠. 어째서 리넨인가요?

어릴 적에 어머니는 리넨으로 식탁보, 냅킨, 베갯잇을 만들어 쓰셨어요. 그래서 저한테는 리넨을 쓰는 게 익숙했죠. 그러다 도쿄에서 대학교를 다니면서 혼자 살다 보니 리넨이 너무 비싸더라고요. 그래서 리투아니아 공장을 돌아다닐 때는 저렴한 리넨을 찾아 다녔고 직접 디자인해야겠다고 생각했죠.

지금 당신에게 영감을 주는 것은 무엇인가요?

수많은 손님들과 포그 리넨을 판매하는 상점, 그리고 특히 제 사업 파트너이자 '숍 포그 리넨Shop Fog Linen' 웹사이트 운영자인 줄리한테서 영감을 받아요. 줄리는 포그 리넨을 미국 시장에 어떻게 적용해야 할지 잘 아는 것 같아요. 그리고 제가 만든 제품을 쓰는 사람들을 볼 때나 손님들이 저한테 필요한 것을 말해 줄 때도 영감을 받죠.

어린 시절의 추억도 영감의 원천이에요. 전 어머니가 집을 꾸미는 방식이 좋아요. 또 제가 어릴 적에 입었던 옷도요. 그 옷들은 아직 가지고 있는데 원단 패턴에 영감이 필요할 때 종종 꺼내서 보곤 한답니다.

때로는 제 일상도 영감을 주죠. 생활하면서 필요한 것들에서 아이디어를 얻거든요.

본인만의 스타일이 있나요? 아니면 옛부터 전해져 내려오는 전통이 있나요?

저희 가족은 외국 친구들과 손님들을 언제나 반갑게 맞아 준답니다. 외국인 학생을 데리고 살던 이모할머니처럼 말이죠. 부모님은 가끔 은퇴한 외국인들과 집을 바꿔서 살아 보기도 하고, 할머니는 집에서 외국 학생을 대상으로 하숙을 치세요. 일본 국민들은 대체로 이방인들에게 개방적이지 않아서 집에 낯선 사람을 들이기 꺼려요. 하지만 우리 가족은 반대예요. 이런 경험들 덕분에 외국에 여행 가는 것도 부담스럽지 않고 거기서 일하게 되더라도 금방 적응할 수 있는 것 같아요.

포그 리넨의 제품은 시대를 초월한 요소가 있습니다. 그 핵심 요소는 무엇인가요?

실용성, 단순함, 내구성이랍니다. ○

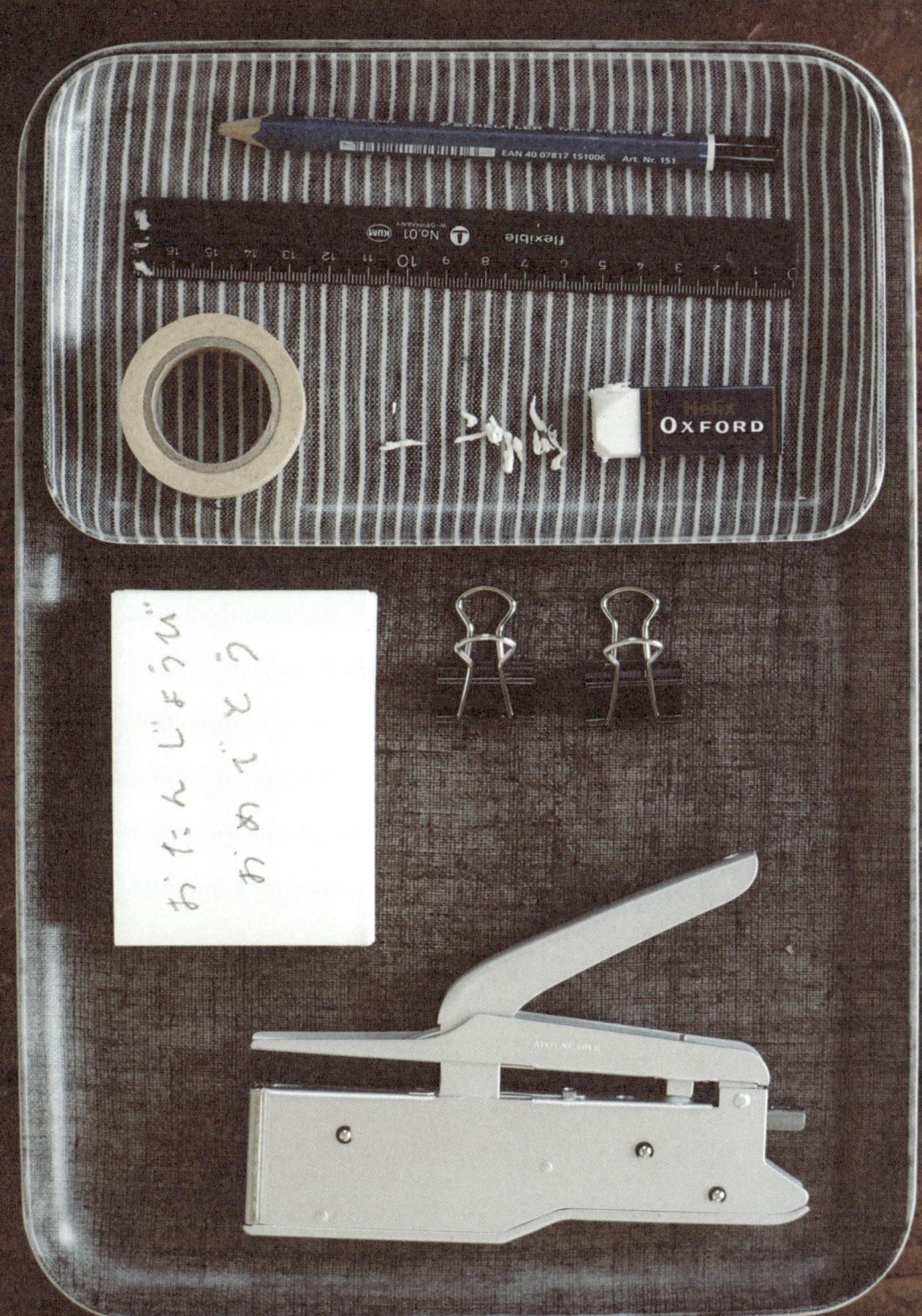

FULL BLOOM: USES FOR CHERRY BLOSSOMS

활짝 핀 벚꽃 활용하기

여기에 적혀 있는 대로 활짝
핀 벚꽃을 마음껏 즐겨 보자.

WORDS BY ASHLEY PAQUIN

ILLUSTRATIONS BY KATIE RIDLEY

장식하기

1. 집 안의 테이블과 벽난로를 벚꽃 가지로
꾸며 보세요.
2. 그릇에 물을 담은 다음 그 위에 벚꽃 잎이나
초를 띄워 현관 입구에 놓아 보세요.
3. 작은 가지를 음식 위에 얹어 내어 보세요.

새롭게 하기

1. 벚나무를 끓여 만든 염료로 손수 염색을
해 보세요.
2. 책 속에 벚꽃 잎을 넣어 말렸다가 감사
카드나 손 편지에 끼워 보내 보세요.
3. 벚꽃 잎을 금색 실에 꿰어서 벽난로나
아기 침대, 테이블 위에 걸어 말려 보세요.

다함께 즐기기

1. 나무 아래에 모여 음식을 나누며 봄을 만끽해 보세요.
2. 유명한 식물원을 찾아가 꽃을 감상하며 즐겨 보세요.
3. 다채로운 색의 화려한 종이등을 매달고 접시에 벚꽃 모찌를 올리고 병에 녹차를 담아 집 안에서 축제 분위기를 내 보세요.

먹어 보기

1. 야채 샐러드에 벚꽃 잎을 넣어 아름다운 봄의 느낌을 살려 보세요.
2. 프랑스와 일본에서 즐겨 먹는 벚꽃 잎 마카롱을 한번 먹어 보세요.
3. 벚나무로 숯불구이나 훈제 음식을 만들어 보세요. 달콤함과 우아한 풍미가 더해질 것입니다.
4. 꽃소금 1/4컵 정도에 벚꽃 3테이블스푼을 함께 섞어 먹어 보세요.
5. 오니기리(일본 주먹밥)를 만들어 보세요. 밥을 주먹밥처럼 말아 소금에 절인 벚나무 잎으로 싸기만 하면 됩니다.

마시기

1. 부드러운 백차(어린 새순을 채취해 건조시킨 후 살짝 발효시켜 만든 차)를 끓여 벚꽃 잎을 띄워 보세요. 벚꽃 꿀을 살짝 가미하면 더욱 맛있습니다.
2. 사케나 보드카가 든 병에 벚꽃 잎을 넣고 일주일 동안 숙성시킨 다음 꽃잎만 빼내고 손님에게 대접해 보세요.
3. 전통 벚꽃 차, '사쿠라유'를 음미해 보세요. 신맛과 짠맛이 살짝 어우러져 맛이 좋습니다.
4. 딱총나무 열매 술을 담가 보세요. 얼음이 든 차가운 소다수에 딱총나무 열매 시럽 30ml를 넣고 저어 줍니다. 완성된 술에 레몬 조각과 벚꽃 잎으로 장식하세요. ○

주의사항: 독성 화학물질이나 농약에 노출된 식물은 절대 식용으로 사용하지 마세요.

CHERRY BLOSSOM MACARONS WITH BLACK SESAME

검은깨 벚꽃 마카롱

헬로키티보다도 귀엽고 깜찍하고 색깔도 화려한 이 햄버거 모양
쿠키로 당신의 까다로운 입맛을 만족시켜 보자.

RECIPE & PHOTOGRAPHS BY KATHRIN KOSCHITZKI

세 상에 벚꽃 마카롱보다 더 귀여운 게 있을까? 솜털처럼 부드럽고 입안에서 살살 녹는 코크 사이에 화이트 초콜릿, 벚꽃 에센스, 검은깨로 만든 부드러운 크림 필링이 담뿍 담긴 이 앙증맞고 매력적인 쿠키는 언뜻 보면 조그만 분홍색 햄버거를 연상케 한다.

1533년 프랑스에서 만들어 먹었다고 알려진 마카롱은 이후 스위스, 한국, 일본에서 다양한 형태로 발전하다가 현재는 미국과 캐나다 전 지역에서 맛볼 수 있게 되었다. 친구들과의 티타임, 애인과의 데이트, 혹은 일상에 지친 나를 위해 오늘은 벚꽃 마카롱을 만들어 보는 건 어떨까. 지금 이 책을 읽고 있는 당신이라면 이 달콤한 디저트를 즐길 자격이 충분하다.

필링 재료	코크 재료
잘게 부순 화이트 초콜릿 200g	고운 체로 거른 아몬드가루 1컵(125g)
헤비크림 120ml	슈거 파우더 3/4컵과 2테이블스푼(125g)
생크림 5테이블스푼(150g)	중간 크기의 달걀 흰자 4개(90g)
벚꽃 에센스	알갱이 형태의 백설탕 1/2컵과 5티스푼(125g)
검은깨	물 2테이블스푼(30g)
	식품 착색제(장미색이나 보라색)

필링 만드는 법 중간 크기의 볼에 화이트 초콜릿을 담는다. 작은 소스팬에 크림을 넣고 중간불로 끓이다가 초콜릿을 넣는다. 혼합물을 약 2분간 가만히 둔 다음, 초콜릿이 완전히 녹을 때까지 부드럽게 젓는다. 5분 정도 열을 식혔다가 생크림과 벚꽃 에센스 몇 방울을 떨어뜨려 저어 준다. 호일로 볼을 덮고 냉장고에 넣은 다음 혼합물이 걸쭉해질 때까지 기다린다.

코크 만드는 법 커다란 볼에 아몬드가루, 슈거 파우더, 달걀 흰자 반 개를 넣고 고무주걱으로 잘 저어 준다.

다른 깨끗한 볼에 나머지 달걀 흰자를 넣고 거품기가 달린 믹서로 휘젓는다(부드러운 봉우리 모양이 될 때까지 휘저어야 한다).

중간 크기의 소스팬에 설탕과 물을 넣고 중간불로 끓인다. 시럽 온도가 118℃가 되면 이를 달걀 흰자가 든 믹서에 천천히 붓는다(부으면서도 믹서는 계속 저어 주어야 한다). 흰자가 빽빽하고 반질거릴 때까지, 약 3분 정도 꾸준히 젓는다.

이렇게 완성된 머랭 1/3 정도를 고무주걱을 이용해 먼저 만든 아몬드가루 페이스트와 섞어 준다. 나머지 머랭도 조심스럽게 넣고 섞는다. 그리고 착색제를 가미한다. 착색제는 원하는 색이 나올 때까지 한 방울씩 넣는 것이 요령이다(한 방울을 넣은 다음 한참 지켜봐야 한다).

짤주머니(원형 10호)에 반죽을 넣는다. 유산지로 된 베이킹 시트를 바닥에 늘어놓고 유산지가 잘 고정되도록 바닥 한쪽에 반죽을 살짝 발라 주면 좋다. 주머니에 든 반죽(코크)을 유산지 위에 동그랗게 짠다. 윗부분에 작은 봉우리가 생기면 베이킹 팬을 살살 쳐 준다.

오븐 받침대를 오븐 중간에 집어넣고 165℃로 예열한다(컨벡션 오븐을 추천한다).

유산지에 올려놓은 코크는 20분간 건조시킨다. 손가락으로 살짝 만져 봐서 점성도를 확인해 보고 끈적임이 사라지면 오븐에 넣어 굽는다.

코크를 6분간 구운 뒤 오븐을 열어 열을 빼낸 다음, 베이킹 시트 자리를 바꾸어 다시 6분 정도 굽는다. 그리고 베이킹 시트를 꺼내 식힘망에서 완전히 식힌다.

앞서 만든 화이트 초콜릿 가나슈(필링)를 짤주머니에 넣고 코크 한쪽 평평한 면에 적당한 크기로 바른다. 그리고 다른 한쪽 면으로 위를 덮어준다. 가장자리는 검은깨 위에 살짝 굴린다.

당장이라도 입에 넣고 싶겠지만 하루는 밀폐된 용기에 넣어 냉장고에 두어야 한다. 그래야 겉이 부드러워진다.

주의사항: 레시피의 컵 계량은 저울을 사용하는 것을 추천한다. 베이킹은 정밀한 과학이어서 마카롱처럼 만들기 까다로운 제과는 더더욱 정확성을 기해야 하기 때문이다.

최고 품질의 화이트 초콜릿을 사용해야 맛있는 마카롱이 탄생한다는 사실도 기억해 두자. ○

약 30개 정도를 만들었다.

BUILDING BLOCKS
건축으로 본 일본의 과거와 현재

도쿄의 건축물들은 그 흐름을 따라가기 힘들 정도로 매우 빠르게 변화하고 있다. 한 작가가 도쿄에서 보낸 어린 시절을 떠올리며 도쿄의 변화에 대해 이야기한다.

마치 커다란 회색 파도가 지평선 전체를 휩쓸어버린 것처럼 도쿄는 거대한 회색빛 바다 같다. 사실 도쿄에는 엄청나게 많은 사람들이 살고 있다. 10년 전에 5년 동안 살았던 나도 그곳이 그렇게 큰지 실감하지 못했다. 도쿄는 대체로 건물의 높이가 낮고 최첨단 기술을 활용하지 않는다. 대부분의 건물이 2차 대전 후의 영국식 조립 건물이거나 미국의 '엽총 주택(폭이 좁고 길쭉하게 지어진 직사각형 주택)'을 연상케 할 만큼 매우 단출하다. 도쿄에 있을 때 내가 살던 곳처럼 아파트 대부분이 목조로 된 작은 2층짜리 건물로 이루어져 있다. 목재는 계속 변하는(가끔은 지진으로 들썩거리는) 대지에 짓는 건물 자재로 꽤 이상적이다. 하지만 그 특성상 불에 매우 취약할 수밖에 없다. 게다가 처마가 서로 닿을 정도로 건물이 빽빽이 붙어 있다 보니 대기가 건조할 때는 일부 사람들이 거리로 나와 목재 건물 사이를 돌아다니며 문을 두드린다. 그들이 '똑, 똑, 똑' 두드리는 소리는 혹시 모를 불꽃이나 정전기를 조심하라는 경고음이다.

그런데 최근 이 목재 건물들이 허물어지고 그 자리에 훨씬 더 높은 건물들이 들어서면서, 도시는 화려한 빛으로 뒤덮인 모습으로 새롭게 태어나고 있다. 도쿄의 최고 번화가 오모테산도는 유리와 철제로 이루어진 상업 건물로 즐비하다. 디올, 루이비통, 프라다, 미야케 건물들은 모두 생긴 지 10년이 갓 넘었을 뿐이다. 이들이 들어선 최첨단 복합 공간인 오모테산도 힐스는 담쟁이덩굴이 뒤덮인 아파트 블록 한가운데에 자리하고 있다. 아파트는 1920~1930년대에 지어져, 2차 세계대전의 폭격 속에서도 살아남았지만 현재는 1개 단지만이 남아 철거될 위기에 처해 있다.

내가 살던 도쿄 집은 시로카네다이에 있던 그럭저럭 살 만한 목재 주택이었다. 두 팔을 뻗으면 양쪽 벽에 닿을 정도로 좁은 곳이었지만, 그래도 아래위층에 방이 두 개씩 있는 소박한 이층집이었다. 왼쪽에 난 계단을 따라 내려가면 부엌이 나오고, 오른쪽 계단은 재봉사였던 여주인 집의 휴게실 겸 침실로 이어졌다. 왼쪽 계단 위층에 있던 그녀의 작업실은 언제나 천 조각이 수북이 쌓여 있었고, 그 오른쪽에 내 방이 있었다. 소지품들을 모두 커튼 뒤로 밀어 넣고 남은 공간에는 딱 퓨톤(매트리스처럼 생긴 일본식 이부자리) 하나만 펼 수 있었다. 그래서 가끔 친구를 한 명씩 집에 초대해서 방에 있을 때면 서로의 무릎이 찻잔 사이로 맞닿았다. 또 집이 뒤쪽으로 약간 기울어진 탓에 물건들이 한쪽 벽으로만 굴러 가서 뭐든 잃어버려도 쉽게 찾을 수 있었다.

얼마 전 구글 스트리트 뷰로 그 집을 찾아보았다. 정확한 주소를 몰라서 어렴풋한 기억만으로 우동 가게와 파친코장 같은 주변 건물에만 의지한 채 검색해야 했다. 한때 내가 다니던 길로 추측되는 지점에는 현재 아담한 주차장이 들어서 있었는데, 미로처럼 이어진 좁은 골목을 따라 들어가다가 결국 길을 잃고 말았다. 간신히 기억을 더듬어 예전 생선 가게와 두부 가게가 있던 곳을 클릭해 보았다. 벗겨진 널빤지와 대충 끼워진 미닫이문이 달린 가게들은 아직 그 자리에 있었다. 나는 그곳을 다시 찾지 못할까봐 며칠 동안 노트북에 그 페이지를 띄워 놓았지만, 배터리가 방전되는 바람에 결국은 잃어버리고 말았다.

도쿄는 하룻밤 사이에 블록 전체가 사라지는가 하면, 마치 배우가 의상을 갈아입듯 이웃들이 순식간에 바뀌는 곳이다. 내가 살던 도쿄의 모습도 내가 그곳을 떠나고 나서 몇 년 만에 거의 자취를 감추었다. 나의 주 활동 무대였던 장소들도 이제는 편의점과 사무실 건물로 바뀌어 버렸다. 내가 살던 소박한 목재 주택이 남아 있으리라 기대하는 건 거의 기적을 바라는 일인 것 같다. ○

리처드 아슬란은 사람들이 살아가는 모습, 언어, 음식에 관심이 많은 작가이자 편집자이다. 현재 영국 브리스톨을 기반으로 활동하고 있지만 이집트, 일본, 에콰도르, 스페인에서 살기도 한다.

WORDS BY RICHARD ASLAN & PHOTOGRAPHS BY WE ARE THE RHOADS

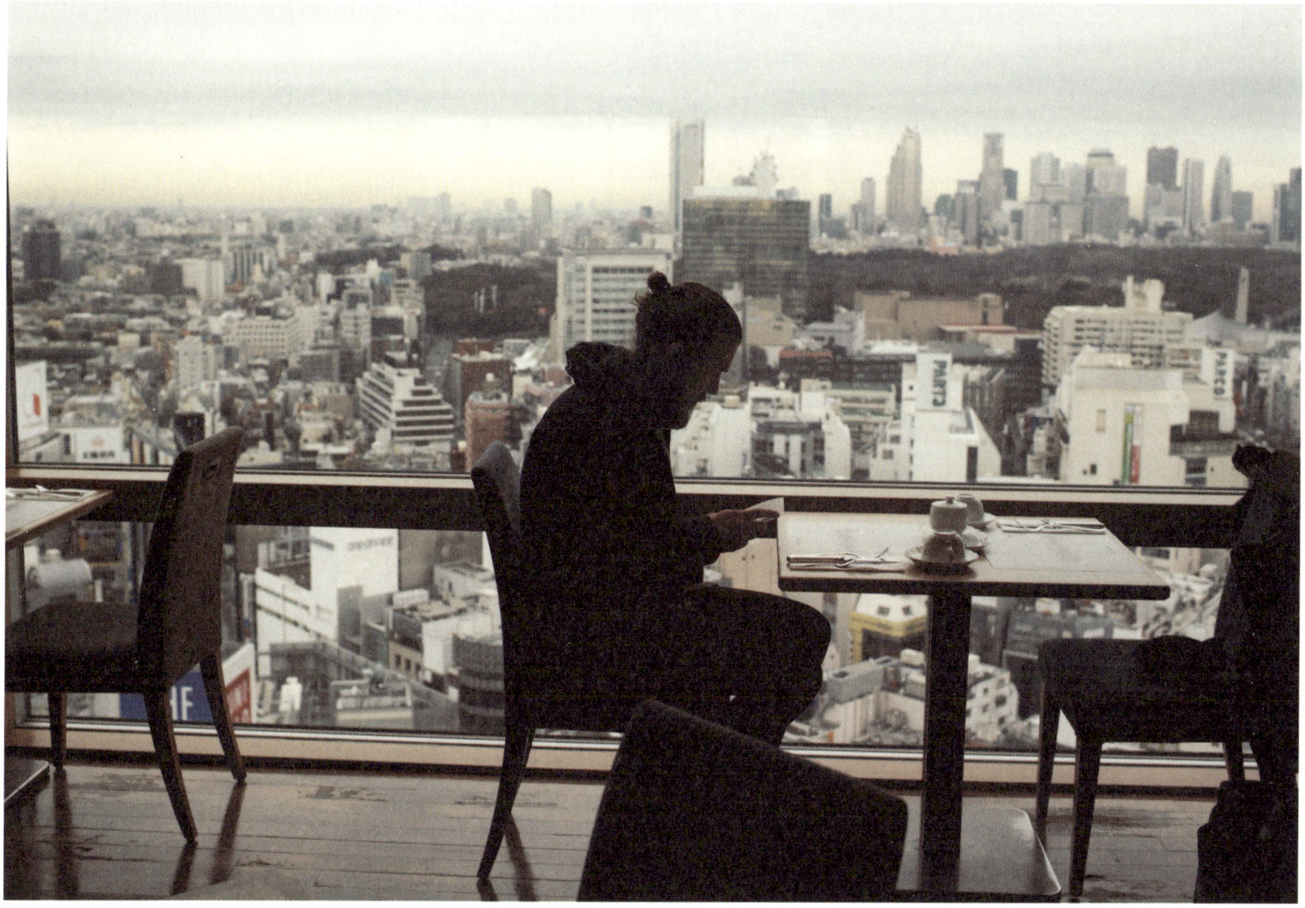

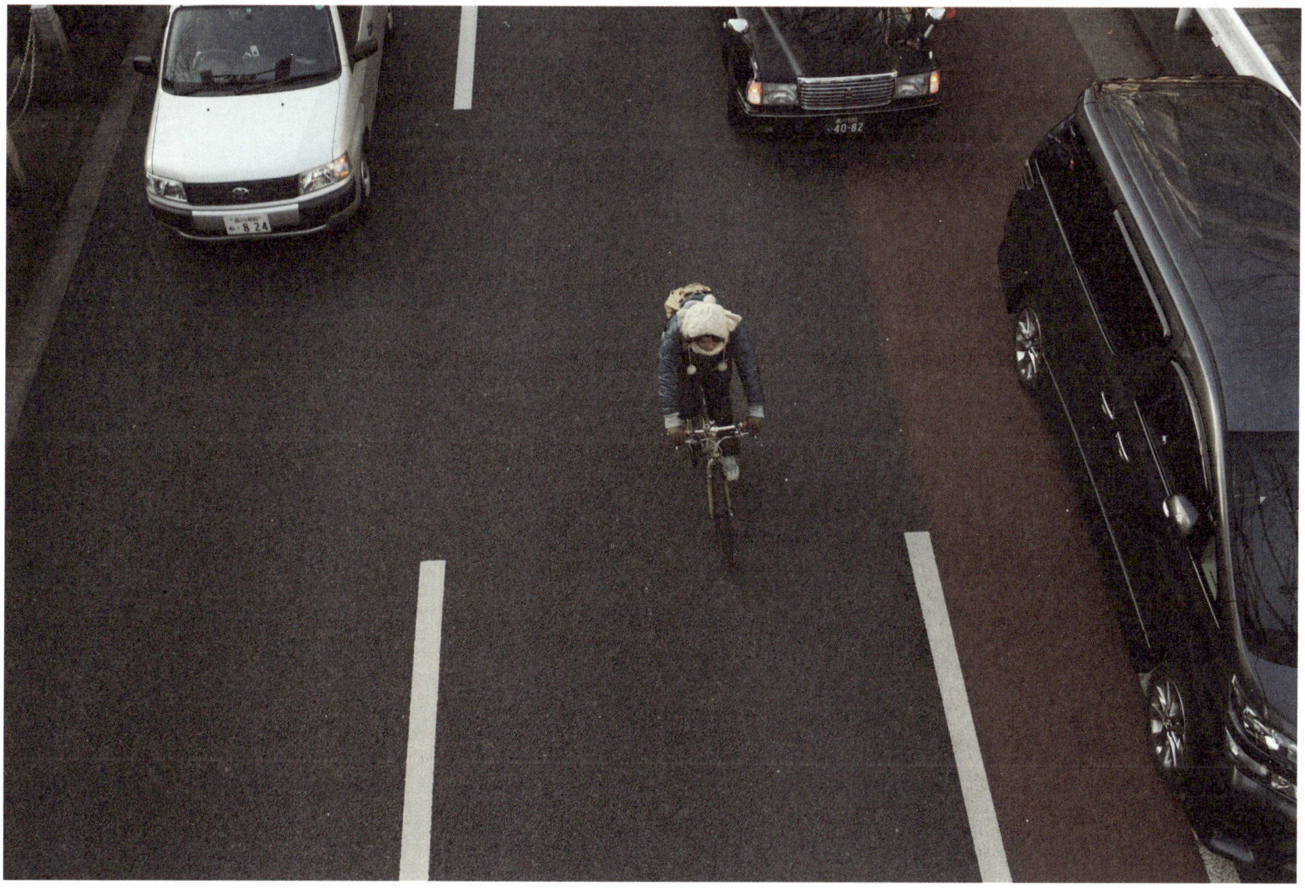

IKEBANA: LEARNING TO BRANCH OUT

이케바나: 소박함이 담긴 꽃꽂이

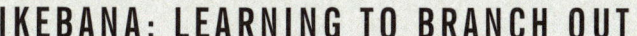

플로리스트인 라일리 메시나가 차분하고, 소박하고,
정신력을 요하는 일본의 꽃꽂이, 이케바나를 시연했다.

WORDS BY RILEY MESSINA & PHOTOGRAPHS BY PARKER FITZGERALD

전통적으로 이케바나 예술가는 하늘, 땅, 인간으로 대변되는 세 요소를 결합한다. 수수한 디자인을 추구하는 이케바나는 꽃꽂이에 필요한 도구들만 봐도 그 의도를 충분히 알 수 있다. 가지와 꽃을 신중하게 선별(몇 개 되지는 않지만)한 다음, 켄잔(꽃꽂이용 바늘 받침대)과 뾰족한 핀만으로 여백의 미를 살려 꽃과 가지를 조화롭게 정돈한다. 이 과정에서 필요한 건 고요함뿐이다. 오로지 자연의 이치에 따라 벌레의 흔적이 담긴 꽃잎과 나뭇잎 꽂는 일에만 정신을 집중하면 된다.

---

1. 화병을 준비하고 작업할 공간을 마련하세요. 깊지 않은 볼에 켄잔을 놓고 물을 부으세요. 뭐든 상관없지만 작은 것이 제일 좋습니다. 편하게 작업할 수 있도록 주변을 정리한 다음 작업할 재료를 펼쳐 놓으세요.

2. 꽃과 가지를 한데 모으세요. 꽃집에서 길이와 촉감이 제각각인 가지나 꽃들을 사거나 안뜰에서 좋아하는 것들로 몇 개 꺾어 오면 됩니다. 꽃과 가지를 선택할 때는 한데 놓았을 때 서로 어떻게 하면 어울릴지를 생각하며 고르세요.

3. 꽃꽂이를 시작하세요. 줄기를 물속에 넣기 전에 날카로운 칼이나 가지치기용 가위를 사용해서 줄기를 한쪽 각도에 맞춰 자르세요. 이제 다양한 각도로 꽃과 가지를 켄잔에 꽂으세요. 줄기가 움직이지 않도록 핀으로 고정하세요. 한 번씩 손을 움직일 때마다 처음에 가졌던 꽃꽂이의 의도를 떠올리세요. 소박함이 핵심이라는 걸요. ○

KINFOLK 60

TWO

너와 나 둘이서

二人の楽しみ方

○○

SLOW AND STEADY: TORTOISE SHOP

거북이처럼 느리게 그러나 멈추지 않고 가기

WORDS BY JOSH LESKAR & PHOTOGRAPHS BY LOU MORA

패스트푸드, 패스트패션이 대세인 패스트시대가 도래했다. 로스앤젤레스에
거주하는 개성 넘치는 시노모토 부부는 값싸고 빠른 것에 맞서 품질과
내구성에 주안점을 둔 '거북이 잡화점Tortoise General Store'을 열었다.

일본의 기업 디자인 분야에서 10년 넘게 일하던 타쿠와 케이코 시노모토는 불현듯 주변에서 일어나는 문제를 깨달았다. 인간의 수명은 계속 늘어나고 있는데 우리가 만드는 물건들은 그 기간을 따라가지 못한다는 점이었다. 그래서 두 사람은 2000년에 결혼을 한 후 안정적인 직장을 관두고 새로운 인생을 찾기 위해 무작정 여행길에 올랐다.

2년간 일본 전국을 여행하는 동안 새로운 사람들을 만나고 자연을 체험하면서 타쿠와 케이코는 '거북이 삶'에 눈뜨게 되었다. 장수의 상징인 거북이는 매일 매일을 있는 그대로 받아들이며, 자신이 처한 현실에 최선을 다하는 여유로운 라이프스타일을 추구하는 동물이다. 그들이 머릿속을 비우고 '정말 필요하고 원했던 것'을 정확히 깨닫자, 나아가야 할 길이 서서히 보이기 시작했다. 그리고 다른 사람들도 그들과 같은 것을 갈망한다는 사실도 깨달았다.

그렇게 시노모토 부부는 로스앤젤레스에서 '거북이 잡화점'을 열었다. 그들은 가게 마스코트가 추구하는 라이프스타일을 실천하려고 애쓰며, 손수 만들어 장인의 혼이 깃든 실용적이고 심플하면서도 아름다운 상품을 고객들에게 제공하기 위해 노력하고 있다. 타쿠와 케이코는 개인적인 미적 감각에 이전 직장 생활에서 터득한 지식을 더해 상점 선반에 가정용품, 주방용품, 학용품, 책을 진열한다. 그렇게 진열된 상품들은 유행을 따른 것이 아닌 일본에서 수세기 동안 전해져 내려오며 연마된 기술로 만든 것이다. 시노모토 부부는 어떤 물건이든 앞으로 몇 세대 동안 사용해도 끄떡없도록 만드는 데 초점을 맞춘다. 그리고 스스로가 생각하기에도 집에서 사용하면 좋을 법한 (그중에서도 아끼는 것을 고르라고 하면 곤란할 정도인) 물건들을 만든다.

타쿠와 케이코는 또한 워크숍과 이벤트를 열어 고객들에게 일본의 경험과 문화를 알리고 있다. 두 사람은 유대감이 강하고 끈끈한 한 커뮤니티에 차례로 가입했는데, 이제는 그곳 멤버라는 사실을 둘 다 자랑스러워한다. 2011년 3월 11일 강력한 대규모 지진이 일본을 강타했을 때 거북이 잡화점이 구호물품을 모아 일본에 전달하는 일을 도와준 것도 바로 그 지역 커뮤니티였다. 그때 시노모토 부부는 잡화점 고객과 친구들이 두 사람을 일개 장사꾼이 아닌 '진정한 일본'의 대표로 여긴다는 사실을 깨달았다.

그들의 최종 목표는 균형을 맞추는 일이다. 거북이 잡화점을 운영해 온 10년 동안 꾸준히 열정을 쏟았던 것도 이 때문이다. 그렇게 거북이 잡화점은 미국과 일본 사이에서 타쿠와 케이코가 원했던 '느리지만 꾸준히 나아가는 삶의 방식'을 대변하는 아이콘이 되었고, 나아가 태평양을 가로질러 문화를 연결하는 다리 역할까지 톡톡히 해냈다. 그리고 그 다리는 공예품 한 점에 한 뼘씩 가까워지고 있다. ○○

플로리다 토박이인 조쉬 레스카르는 작가이자 교육자이자 마라토너이다. 그는 현재 샌프란시스코에서 일하면서 즐겁게 살아가고 있다.

주소: 1208 Abbot Kinney Boulevard, Venice, California
전화: 310-314-8448 / 웹사이트: tortoisegeneralstore.com

FUNCTION AND FORM
기능과 아름다움의 공존

WORDS BY LOUISA THOMSEN BRITS & PHOTOGRAPHS BY ANAIS & DAX

일본의 수공 직물 염색은 역사가 오래되었을 뿐만 아니라
매우 존경받는 일이다. 작가가 그 염색 과정을 소개하며
아름다움과 내구성이 어떻게 공존할 수 있는지 설명한다.

매 년 씨앗을 뿌리고 식물이 자라면 그것을 수확한다. 바닥에 떨어져 쌓인 잎은 사케, 밀기울(밀에서 가루를 빼고 남은 찌꺼기), 재, 라임과 함께 섞여 신비의 대상, 바로 인디고 염색(쪽잎으로 짙은 남빛으로 염색하는 것)의 발효액이 된다. 삼, 모시, 면, 비단을 묶고, 접고, 비틀고, 동여매고, 구기고, 주름 잡고, 덮고, 담그면 시보리 기법의 옷이 탄생한다. 원단은 길이도 다르고 성질도 제각각이기 때문에 옷은 수작업 과정을 통해 자연스러운 모양과 형태를 갖추게 된다. 걸리는 시간과 공기에 노출되는 정도에 따라 원단은 초록빛에서 다양한 푸른 빛을 띠게 되는데, 그 빛깔에서 많은 일본인들은 여전히 향수와 특별한 메시지를 느낀다. 인디고 원단은 수백 년 동안 일상생활과 밀접한 작업복, 퓨톤, 마루매트, 유니폼, 가게 간판, 사원과 성전의 배너 등을 만들 때 사용되어 왔기 때문이다.

과거에 노동자, 농부, 어부는 뱀과 곤충들의 공격을 피하기 위해 질긴 인디고 원단으로 옷을 해 입었다. 차차 시간이 지나면서 사람들은 신체 보호, 보온, 내구성을 위해 천을 여러 겹으로 겹쳐 촘촘하게 꿰매어 누비옷을 만들어 입었다. 누비옷이 영적으로 보호해 준다고 믿었던 사람들은 건강과 행운을 위해 원단에 별, 잎사귀, 원, 포개진 원을 새겼고, 난파와 악귀를 피하기 위해 생활용품을 사인과 부적 형태로 추상화해서 그려 넣었다.

정성껏 수선해 가며 가족 대대로 전해져 내려온 오래된 옷감과 생활물품들을 누벼 만든 보로 천의 바늘땀, 솔기, 주름은 가족과 얽힌 수많은 이야기와 '모타이나이もったいない'(버리기 아까운 것들)의 잊혀 가는 가치를 새삼 떠올리게 한다.

오늘날 수공예 솜씨는 시대를 거쳐 꾸준히 전수되고 있다. 공예가 이처럼 오랫동안 이어지고 있다는 사실은 좋은 디자인에는 시간의 한계가 없다는 사실을 일깨워 준다. 공예는 전 세계의 다른 세대와 문화에서도 통하는 공통 언어이다. 또한 '요노비ようのび'(실용의 미)의 언어이며, 기능과 보편적 아름다움의 가치를 갖고 있는 언어이다.

우리의 삶은 공예품과 생활용품의 품질과 밀접한 관련이 있다. 볼, 스툴, 매트, 주걱, 그리고 정성껏 만들어 오랫동안 소중하게 여겨온 옷은 따스함은 물론이거니와 사용하면 할수록 그 진가를 드러낸다.

(69쪽에서 계속)

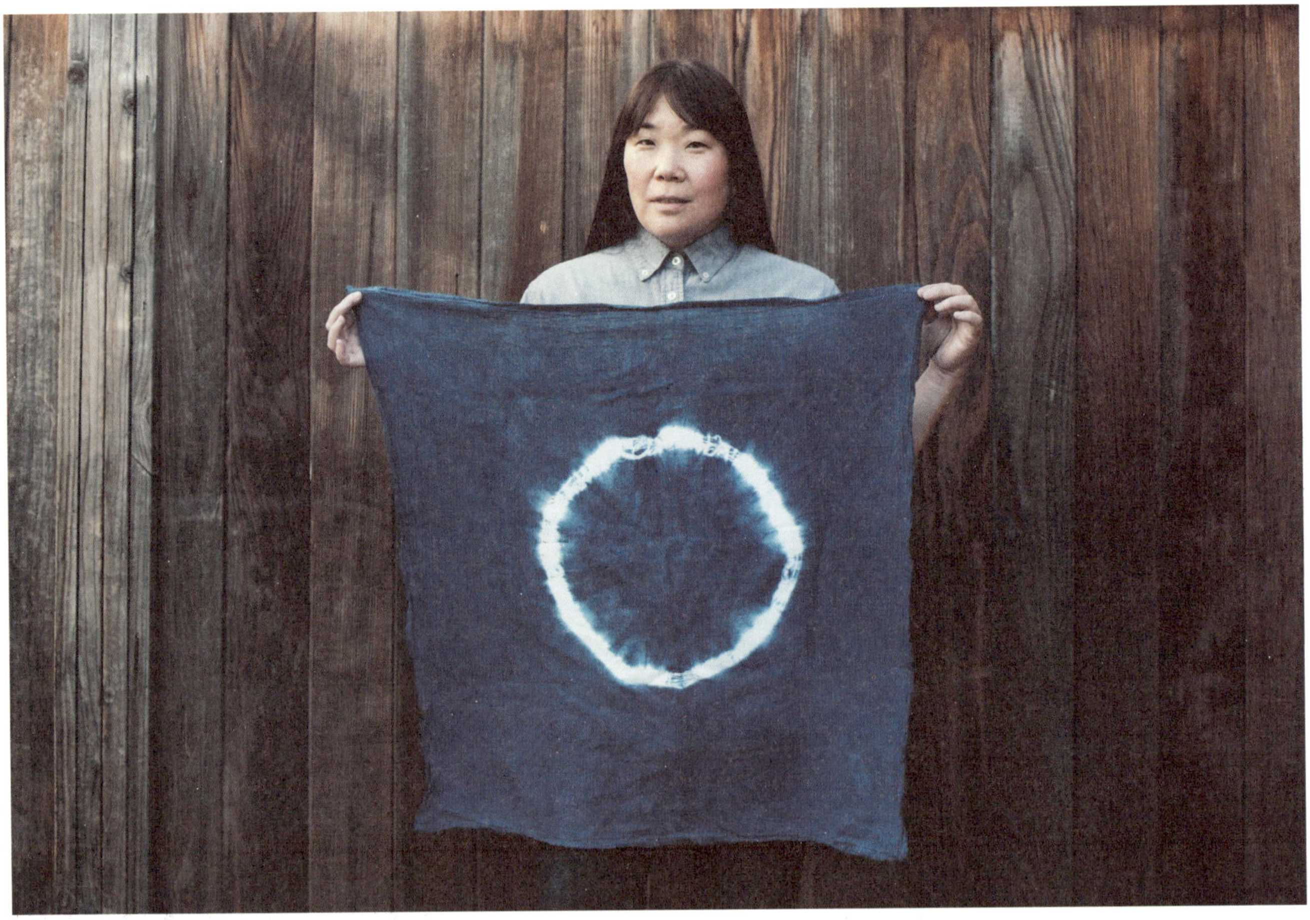

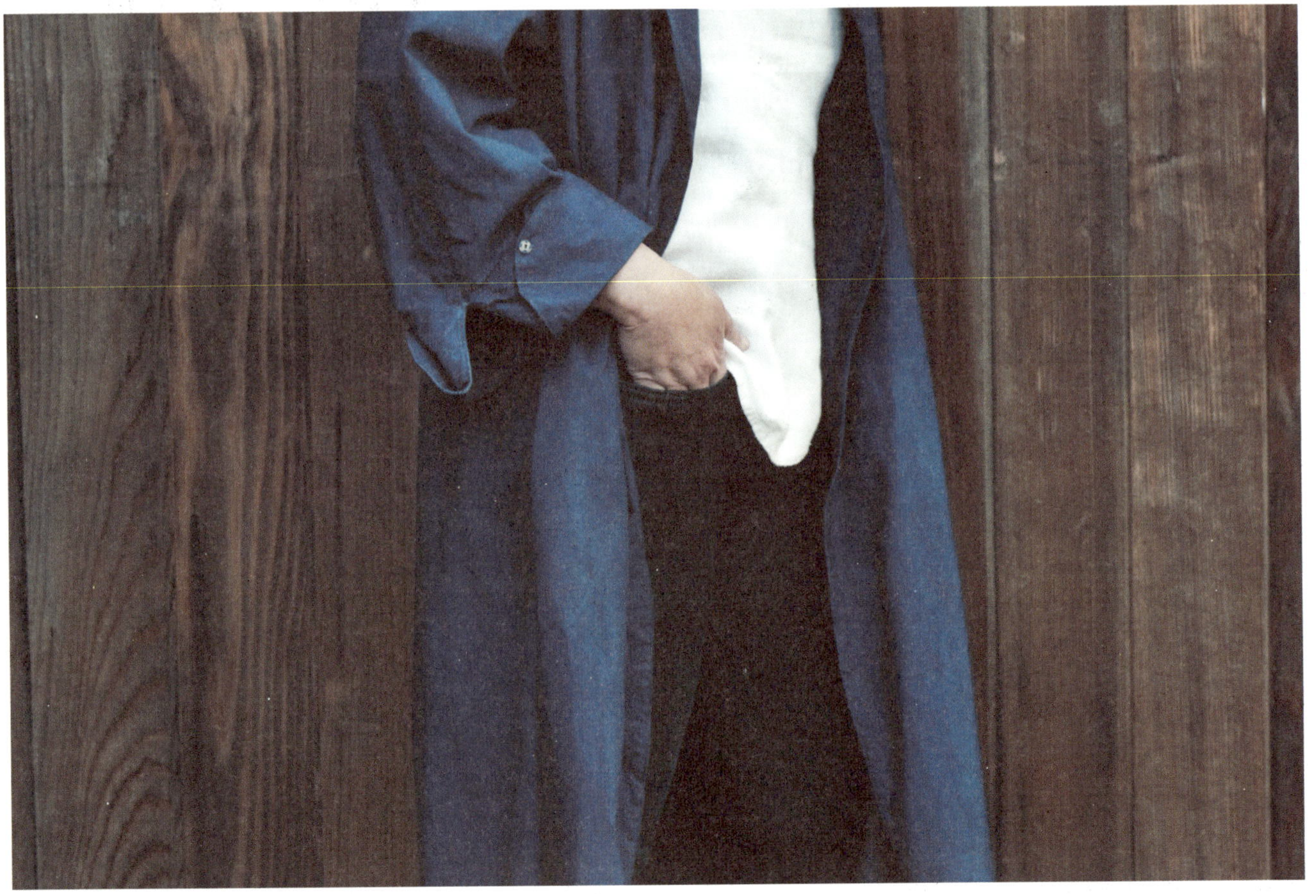

"인디고 원단은 수백 년 동안 일상생활과 밀접한 작업복, 퓨톤, 마루매트,
유니폼, 가게 간판, 사원과 성전의 배너 등을 만들 때 사용되어 왔다."

손으로 땋고, 새기고, 조각을 덧대고, 바느질하는 모습은 순수한 아름다움 그 자체이지만, 사실은 필요하기 때문에 생겨난 것이다. 세계 어느 나라든 경기가 침체되면 사람들은 생활의 리듬과 소소한 일상의 가치, 그리고 실용성과 편안함을 두루 갖춘 핸드메이드 제품에 더욱 관심을 갖는 것 같다. 매일 사용하는 물건의 고유한 특성을 살피게 되고, 손으로 빚어 생긴 자국과 부드러운 곡선을 통해 단조로운 일상에서 내면의 울림을 느끼고 기운을 얻기도 한다. 그래서 도예가들은 그릇이란 모름지기 그것이 사용될 때 비로소 완성된다고 말한다.

일본의 장인들은 작업을 할 때 그들이 다루고 있는 재료에 목소리를 준다는 생각으로 혼신을 다해 만든다. 공예는 단순히 점토나 면직물을 가지고 예술가의 아이디어를 구현해 내는 것이 아니다. 예술은 재료 그 자체에 내재되어 있다.

완성된 작품의 아름다움이 만들어졌다기보다는 탄생했다고 느낀다면 우리는 비로소 '밍게이みんげい', 즉 수공예를 이해하기 시작한 것이다. 이 실용적이고, 친숙하고, 저렴하고, 접하기 쉬운 공예품은 우리 일상생활에 깊이를 더해 준다. 밍게이는 한때 어디서나 볼 수 있어서 지겹게 느껴졌던 물건을 새로운 시각으로 바라보게 한다. 그것은 실용성, 불균형, 자연스러움에 안주하는 우리의 보편적인 반응을 표현해 내는 동시에 역사, 이야기, 생필품, 기술, 마음 간의 본질적인 연관성을 상기시킨다.

생활 속에서 공예를 밀접하게 접하다 보면, 앞으로 나아가기 위해 간혹 뒤로 되돌아가는 경우가 생긴다. 우리를 둘러싼 환경이 전해 주는 지혜를 이해하고 깨닫는 과정을 통해 무언가를 만들거나 구매하거나 혹은 선물할 때, 우리는 삶과 더 깊게 맞물려 있으며 나보다 더 상위에 있는 무언가와 연결되어 있음을 느낀다. 어떻게 살아가고, 만들어 내고, 소비할지에 대한 생각을 잠시 접어 두면, 자연과 조화를 이루어 너그럽고 재치 있는 정신을 담은 공예품들을 마음껏 즐길 수 있을 것이다. 아울러 공예가 새롭게 성장하고 번창할 수 있는 환경을 만들고 지키는 사람들의 소중함을 깨닫게 될 것이다. ○○

루이자 톰슨 브리츠는 작가이자 네 아이의 엄마이면서 벨리댄스를 가르치고 있는 초보 커피 로스터이다. 현재 영국의 시골마을 이스트 서섹스에 살고 있다.

HAND DYE COORDINATION
손으로 염색하기

WORDS BY KATIE SEARLE-WILLIAMS & PHOTOGRAPHS BY ANAIS & DAX

일 본 시보리 기법의 기원은 8세기로 거슬러 올라간다. 식물에서 추출한 천연 화학품인 인디고는 원단에 색을 입히기 위해 사용된 가장 오래된 천연 염색법으로 시보리 기법이 가장 보편적이다. 인디고 염료는 합성물질이나 인위적인 성분으로 마감처리되지 않은 유기농 섬유와 직물에만 사용해야 한다. 인디고가 지닌 깊은 색조는 연한 색 직물을 방염하기에 안성맞춤이다. 조용히 사색하며 패턴을 만드는 인디고 염색은 일상에 지친 당신에게 위안이 될 것이다.

염색할 100% 자연섬유나 옷, 혹은 방적사	염료에 천을 담글 양동이 (19L 정도의 크기)
패턴을 만들 고무줄이나 끈, 작은 나무 조각	염료에 담근 천을 꺼낼 긴 막대기
긴 라텍스 장갑	산화시킬 때 사용할 쟁반이나 평편한 나무판
미리 만들어 둔 인디고 염료 20g (보통 인디고 염색 키트를 사면 들어 있다.)	천을 건조할 받침대와 빨래집게
	(울라이트 같은)순한 세제와 빙초산
환원제 250g (인디고 키트에 들어 있다.)	헹굴 때 쓸 양동이(19L 정도 크기)

---

1) 천을 물에 적시고 다음 시보리 기법 중 원하는 방법을 선택한다: 고무줄이나 끈으로 동여매기, 묶기, 비틀기, 또는 작은 나무 조각과 고무줄로 꾹 눌러 주름 잡기.

2) 라텍스 장갑을 끼고 인디고 염색 키트에 들어 있는 설명서에 따라 19L들이 양동이에 염욕 준비를 한다.

3) 인디고 염료 용액에 시보리 염색을 할 천이 완전히 잠기도록 조심스럽게 담근다. 이때 물이 튀지 않도록 주의한다. 다 넣었으면 긴 막대기로 살살 저어준다.

4) 아래로 떨어지지 않도록 통 옆쪽으로 조심스럽게 천을 끌어 올린다. 처음 꺼냈을 때 천은 황갈색을 띠므로 이를 쟁반에 올려놓고 공기 중에서 산화시켜야 한다. 최소 20분 정도 두었다가 더 진한 색이 나오도록 3)과 4) 과정을 되풀이한다.

5) 중간 정도의 색깔을 원한다면 3), 4) 과정을 세 차례 정도 되풀이하고, 여덟 번에서 열 번까지 하면 아주 진한 색을 낼 수 있다. 그러나 건조시키면 색상이 옅어지므로 이를 염두에 두어야 한다.

6) 물에 천을 헹구고 시보리 처리를 한 부분을 풀면 특유의 무늬가 나타난다.

7) 염색한 천을 건조대에 널고 하룻밤 동안 둔다.

8) 끝으로 염색한 천에 순한 세제를 소량(뚜껑의 1/2 정도 되는 양) 넣고 헹군다. 20L들통에 물(약 8L)과 빙초산 약간(1/3컵)을 섞어 넣고 염색한 천을 최소 5분간 담가 둔다.

9) 천을 한 장씩 빤다.

10) 건조시키면 완성이다. 원하는 대로 개성 있게 활용하고 연출해 본다. ○○

STOCK IN TRADE

늘 어디에나 있지만 특별한 음식, '라멘'

WORDS BY AYA MUTO & PHOTOGRAPHS BY ERIN KUNKEL — STYLING BY LISA MOIR

오클랜드의 '라멘 숍Ramen Shop'은 다채로운 풍미와 창의력, 엄격한 재료 선별 때문에 면과 국물을 좋아하는 사람들에게 꼭 가 봐야 할 명소로 자리매김했다.

집에서 말린 정어리로 우린 국물, 멘도시노 바다에서 건져 올린 해초로 만든 수제 구이 김, 갓 따 온 느타리버섯, 집에서 말려 빻은 고춧가루. 이 모든 게 '라멘 숍'의 라멘 한 그릇에 들어가는 재료다. 제리 잭시크, 샘 화이트, 레이닐 드 구즈만(바로 이 식당의 운영자들이다)은 버클리에 있는 앨리스 워터스의 레스토랑 '셰 파니즈Chez Panisse'에서 근무할 때 현지 제철 재료로 일본이 꾸준히 발전시키고 있는 이 소박한 음식을 만들어 보자는 데 뜻을 모았다.

라멘은 중국에서 유래되었지만, 일본은 그들만의 방식대로 라멘을 개량해 특별한 육수를 만들어 냈다. 육수는 특정 재료(다시마, 생선, 닭이나 돼지 뼈 등)를 큰 솥에 넣고 몇날 며칠을 푹 삶는다. 물과 재료의 비율은 1:2가 채 되지 않는다. 육수뿐만 아니라 면발의 질감과 두께 역시 새롭게 정착시켰다. 일본에는 일 년에도 몇 번씩 라멘 기사를 다루는 푸드 잡지가 있을 정도로 원하면 언제 어디서든 근처 라멘 가게에 들어가 라멘을 먹을 수 있다.

라멘은 주문 즉시 조리되어 나온다. "라멘은 단독 메뉴잖아요." 잭시크는 일본에서 6년 동안 영어 강사로 일하며 라멘을 연구했다. "대부분의 라멘 가게가 카운터 하나만 있고 손님이 기계로 주문을 하면 카운터에서 티켓을 건네주는 시스템이에요. 주문이 실수로 들어갈 일이 없어서 대단히 효율적이죠." 일본에서 그가 처음으로 먹은 음식이 라멘이었다. 그는 라멘의 환상적인 맛에 환희를 느껴 시간이 날 때마다 더 맛있는 국물을 찾아 다녔고, 급기야 직접 라멘 가게에서 일을 하기에 이르렀다. 또한 일본 외딴 지역에 있는 고급 이탈리아 레스토랑에서 실습생으로 일하기도 하며 다양한 조리법을 배우기도 했다. 미국으로 돌아온 그는 셰 파니즈에서 일하게 되었다.

잭시크가 라멘이라는 메뉴를 가져온 주역이라면, 구즈만은 10년이 넘는 요리사 경력을 갖고 있었다. 2013년 1월 공식적으로 가게 문을 열 무렵 라멘 숍은 육수에서 면, 고명뿐 아니라 깜짝 이벤트까지 모든 준비를 완벽하게 끝냈다. 그리고 화이트가 '오픈Open'이라는 푸드 아트 모임을 공동 창립하면서 라멘 숍도 그 일원이 되었다. 오픈은 일본이 지진과 그 여파로 힘든 상황일 때 재빨리 베이 에어리어Bay Area의 푸드 커뮤니티에 가담해 일본 돕기 프로젝트에 동참하기도 했다.

라멘 숍은 가다랑어포처럼 메뉴에서 빼놓을 수 없는 중요한 재료는 일본에서 직접 공수해 오지만, 가끔은 나름대로의 지식과 경험을 토대로 원재료보다 더 나은 대체품을 생각해 내기도 한다. "구즈만이 로마 스타일의 바싹 튀긴 아티초크를 멘마menma(라멘에서 빼놓을 수 없는 말린 죽순 고명) 대신 올리자고 제안했어요. 그때 좋은 죽순을 찾아다니느라 애를 먹고 있었거든요. 구즈만은 제가 원하는 재료의 질감과 맛을 설명하면 그걸로 할 수 있는 다양한 조리법을 바로바로 생각해 내는데, 정말 멋져요. 우리는 재료에 맞춰 매일 메뉴를 바꾼답니다."

잭시크와 구즈만은 재료와 음식을 준비하기에 앞서 거기에 담고자 하는 예술과 감성에 대해 이야기를 나눈다. 이 회의가 끝나고 화이트가 그날의 메뉴를 정하면 사람들이 가게 밖에서 줄을 서기 시작한다. 재생나무로 만든 카운터에서는 늘 신선하고 향긋한 냄새가 풍겨 오고 화이트와 바텐더들은 지역 양조장에서 만든 소주와 여러 가지 칵테일을 손님들에게 낼 채비를 하며 기다리는 이들의 마음을 한층 들뜨게 한다. 카운터에 앉으면 그날 새로 뽑은 면을 끓이는 장면을 바로 앞에서 볼 수 있다. 그 면 위에 채소와 차슈, 미리 삶아놓은 달걀을 얹으면 완벽한 라멘 한 사발이 완성된다. 오클랜드의 라멘 한 그릇은 카운터를 사이에 두고 앉은 다양한 사람들을 하나 되게 만드는 매력이 있다. ○○

주소: 5812 College Avenue, Oakland, California
전화: 510-788-6370 / 웹사이트: ramenshop.com

KEEPING TIME
시간 속에 머물기

WORDS BY REBECCA PARKER PAYNE

'이치고 이치에', '모노 노 아와레'란 개념은 현재에 어떻게 집중해야 하고,
곁에 있는 사람들에게 어떻게 감사해야 하는지 일러 준다.

지금은 월요일, 늦은 밤이다. 내 머릿속은 온통 내일 할 일로 꽉 차 있는데 동생은 내 앞에 앉아 자꾸 이야기 좀 하자고 한다. 같이 있어 달라고 애걸복걸하니 차마 안 된다고 할 수가 없다. 그래서 우리는 월요일 깊은 밤까지 이야기를 나눈다. 하지만 이건 다른 누구도 아닌 우리의 시간이다.

일본 다도에서 유래한 '이치고 이치에'라는 말은 수세기 동안 전해져 내려오며 일생에 기회는 단 한 번뿐이라는 메시지를 전한다. 즉, 누군가와의 인연은 단 한 번뿐이니 그 시간을 소중히 하라는 의미이다. 저녁식사를 함께 하거나 와인을 같이 마시거나 낡은 소파에 앉아 늦은 밤까지 이야기를 나누는 것처럼 우리가 갖는 만남은 평생 단 한 번뿐이며 두 번 다시 일어나지 않는다. 만났을 때의 환경, 거기에 있던 사람들, 그리고 그들 개개인의 성향과 살아온 배경은 만남을 매번 특별하게 만든다. 비슷한 환경에서, 혹은 그때 만났던 사람들과 다시 만남을 가질 수는 있지만 이치고 이치에는 그 어떤 만남도 절대 똑같을 수는 없다고 말한다.

이 개념은 일본 다도를 언급할 때 자주 거론된다. 환대와 예의를 예술로 승화시켜 보여 주는 다도는 현재 같이 있는 사람에게 깊은 예의를 표하고 관심을 기울이는 일뿐만 아니라 세심하게 미리 준비해 두는 것까지 다도의 과정으로 여긴다. 다도 주최자의 목표는 참여자를 세심히 배려하고 행사의 목적을 알리는 것이지만, 막상 다도가 시작되면 거기서 일어나는 모든 상황을 정확하게 인식해야만 한다. 그래서 다도는 주인이 그 자리에 있는 친구들과 사랑하는 사람들을 위해 오롯이 헌신하는 시간이다.

이렇게 이치고 이치에는 어떤 순간이든 자연스러운 흐름(사람, 식탁에 차려진 음식, 날씨 등)에 따라 행동할 수 있도록 그때그때 최선을 다하라고 말한다. 일본 전통극인 '노 극の3' 배우들은 공연 전에 따로 리허설을 하지 않는다. 대신 실전 무대에 섰을 때 배우들이 당시 상황을 고려하여 극을 이끌어 나간다. 대본 리허설을 가장 중요하게 여기는 연극 무대에서조차 그들은 자연스러운 흐름에 맡기라고 말한다.

이치고 이치에는 세심히 준비하고 즉흥적으로 참여하는 자세 모두 똑같이 중요하게 여긴다. 우리가 알고 있고 또 살고 있는 문화는 한쪽으로만 치우쳐 있는 경우가 많다. 거기에 길들여진 우리는 순전히 마음에서 우러나와 행동하거나 아니면 일말의 여지 없이 등을 돌린다. 하지만 일본인들은 즉흥적으로 참여하는 자세와 준비성은 대치되는 개념이 아니라 상호보완적인 것이라고 말한다.

일상생활에서 나(와 나만의 시간)를 내어 주는 것이 다도나 즉흥 연극과는 다소 다르지만, 그 개념은 충분히 통한다. 집에 친구들을 초대했을 때 나는 이미 내면의 대본을 포기한 것이며, 밤늦게까지 중요한 대화를 나눌 때는 일찍 잠자리에 들기를 포기한 것이다. 내게 이치고 이치에는 기묘하게도 '열심히 일한 자, 떠나라'는 소리로 들린다. 엉뚱하다고 생각할 수도 있겠지만, 일도 열과 성을 다해서 해야 하는 것이니 이 말도 맞지 않을까.

—

한편 일본 사람들은 '모노 노 아와레もののあわれ'라는 말로도 이 개념을 이해한다. 말 그대로 '어쩐지 슬프게 느껴지는 일'이라는 뜻의 모노 노 아와레는 인생에서 가장 아름다운 순간은 그때가 끝나기 바로 직전에 찾아온다는 의미를 담고 있다. 삶은 일시적이고 잠시 거쳐갈 뿐이라고 믿는 일본인들은 영원히 변치 않고 피어 있는 꽃을 그다지 좋아하지 않는다. 그들은 1년마다 피는 생명체가 갖는 절제

와 소멸의 리듬 속에 더 큰 아름다움이 존재한다고 여긴다. 그래서 모노 노 아와레는 벚꽃이 만개했을 때 한시라도 빨리 그 나무 아래에 가서 앉으라고 재촉한다. 그리고 여름이 가는 걸 슬퍼하지 말고 그 마지막 시간을 만끽하라고 말한다.

인간은 경외심을 품고 숭배할 줄 안다. 그래서 장엄하고 멋진 것들을 보면 마음이 움직인다. 하지만 일시적인 것에서 그렇게 감동받기는 쉽지 않다. 그러기 위해서는 우선 우리가 모두 통제할 수 있다는 착각을 버려야 한다. 그리고 한 발짝 뒤로 물러서서 사랑, 아름다움, 상실과 같은 비애감을 전체적으로 보아야 한다. 그러고 나면 화려하고 반짝이는 것만이 아름다운 것이 아님을 알게 될 것이다.

모노 노 아와레는 지금 당장 사랑하라 말한다. 지금 바로 행동하고, 지금 여기에 있으라 한다. 친구를 집으로 초대하고 늦게까지 깨어 있으라고 한다. 왜냐하면 이 시간, 이 기회, 이 계절은 곧 사라지기 때문이다. 그렇기에 가능한 한 오래, 그리고 많이 즐겨야 한다.

우리의 시간은 썰물처럼 빠져나간다. 인생은 조류처럼 왔다가 가고, 꽃처럼 피었다 진다. 여름철 초록의 싱그러움은 겨울철 뼈만 남은 앙상한 가지를 볼 때 더욱 그 소중함이 느껴진다. 그래서 우리는 시간과 계절에 맞서 싸울 필요가 없다. 시간의 흐름에 연연하지 말고 현재 있는 그대로를 즐기면 된다.

인생은 끝맺음의 연속이다. 저녁의 끝이나 득의양양하던 여름의 최후처럼 말이다. 만약 이러한 끝을 받아들이고 즐기기로 마음먹는다면 인생의 유한함에 대해서는 신경 쓰지 않고 살아갈 수 있다 (유한한 건 제멋대로인 정치권만이 아니라 인류 전체가 그러하다). 어차피 시간은 우리의 것이 아니다. 우리가 지구의 회전을 느리게 하거나, 결혼식을 영원히 즐길 수는 없듯이 말이다.

그래서 나는 나보다 큰 존재에 경외심을 느낀다. 동쪽에서 떠서 서쪽으로 지는 태양, 내가 땅에 발을 딛고 설 수 있게 해 주는 중력, '이 또한 지나가리라'라는 만물에게 공통적인 시간의 리듬과 같이.

—

그래서 난 지금 이 낡은 소파에 앉아 있다. 동생이 유리컵 뒤로 큰 갈색 눈을 껌뻑이며 내게 이야기하자고 말한다. 스프를 먹고 영화 한 편을 보다 일찍 잠자리에 들려던 계획은 포기하고 오늘 밤에는 동생과 이야기를 나눈다. 결국 원래 자려던 시간을 넘겨서까지 대화는 계속되어 이제 자정을 지난다. 특별히 시간을 내서 찾아와 준 동생을 위해 나는 저녁의 계획을 포기했다. '오늘 밤' '우리'가 '이곳'에 함께 있다는 사실이 더 중요했고, 동생이 제멋대로 소파에 뛰어들어 응석부릴 수 있는 나날도 얼마 남지 않았기 때문이다.

그래서인지 나는 좀처럼 시간에 맞춰 생활하지 못한다. 그저 그 상황에 마음을 쓰고 최선을 다한다. 이런 건 리허설을 할 수도 완벽히 해낼 수도 없다. 그런데 살다 보면 많은 일이 예상치 못한 부분에서 일어난다. 그래서 인생이 완벽해 보이지 않는 것이다. 나 역시 완벽함과는 거리가 멀다. 렌즈를 빼서 앞도 안 보이고, 화장은 오래전에 지워진 데다가 옷 역시 울 양말과 남편 스웨터만 대충 걸치고 있다. 분명 완벽해 보이지 않는다. 하지만 동생과 함께 있는 이 순간, 함께 이야기를 나누기 위한 만반의 준비를 마친 것 같기는 하다.

왜냐하면 동생이 지금, 우리 집 거실에 있고, 오늘 아침이면 떠나기 때문이다. 지금 이 시간은 우리에게는 단 한 번뿐인 시간인 것이다. 물론 이런 만남이 수없이 많았을지도 모른다. 하지만 분명 다른 시간이다. 동생은 오늘 아침 학교 수업이 있어 떠나고, 나는 직장에 가야 하기에 우리의 시간은 더 달콤하다. 시간이 깊어져 대화를 마무리할 준비를 한다. 충분히 오랜 시간 이야기를 나누었고 얼마 후면 작별이지만, 우리는 대화를 끝내려는 지금이 그 어느 때보다 더 가깝게 느껴진다.

그렇기에 두 옛말이 더욱 내 마음에 와 닿는다. 이치고 이치에와 모노 노 아와레는 의미상 잘 어울리는 한 쌍이다. 그 순간의 아름다움을 느낄 수 있는 것은 오직 그때뿐이며, 그 순간은 두 번 다시 오지 않는다. 그래서 우리는 오늘도 끝을 향해 나아간다. 그 시간의 첫 단추를 끼운 것은 바로 우리 자신이기 때문이다. ○○

레베카 파커 페인은 버지니아에서 활동하는 작가다. 그녀는 그곳에서 파이를 굽고, 버번을 마시고, 남편과 함께 레코드판으로 블루그래스를 듣는다. 그녀는 음식, 가족, 커뮤니티, 장소와 관련해 글을 쓴다.

OLD LIVES TALES

옛말의 지혜

차분히 마음을 가다듬고 여기에 적힌 일본 속담들을
되새기며 삶의 지혜를 터득해 보자.

PHOTO ESSAY BY HIDEAKI HAMADA & WORDS BY MASAFUMI KAJITANI

일본 오사카에서 활동하는 사진작가 히데아키 하마다는 1977년
효고 현에서 태어났고 하루와 미나(사진)의 아버지이다.

雨降って地固まる

(ame futte ji katamaru)

해석: 비 온 뒤에 땅이 굳는다.
의미: 시련을 겪고 나면 더 단단해진다.

十人十色

(jūnin toiro)

해석: 열 사람은 열 개의 색을 지니고 있다.
의미: 사람마다 제각각이다.

三日坊主

(mikka bōzu)

해석: 작심삼일이다.
의미: 싫증나서 오래 계속하지 못하고 쉽게 포기한다.

雲散霧消
(unsan mushō)

해석: 구름이나 안개가 흩어져 흔적 없이 사라지다.
의미: 걱정거리가 말끔히 사라지다.

二兎を追う者は一兎をも得ず
(nito wo ou mono wa itto wo mo ezu)

해석: 두 마리의 토끼를 쫓다가 둘 다 놓친다.
의미: 두 가지를 한꺼번에 얻으려다가는 한 가지도 제대로 얻지 못한다.

花鳥風月
(kachō fūgetsu)

해석: 꽃과 새, 바람과 달
의미: 자연의 아름다움

虎穴に入らずんば虎子を得ず

(koketsu ni irazunba koji wo ezu)

해석: 호랑이를 잡으려면 호랑이 굴에 들어가야 한다.
의미: 모험하지 않으면 아무것도 얻을 수 없다.

出る杭は打たれる
(deru kui wa utareru)

해석: 모난 돌이 정 맞는다.
의미: 괜한 소동을 일으키지 마라.

言わぬが花

(iwanu ga hana)

해석: 말하지 않는 데에 그윽함이 있다.
의미: 때로는 말을 삼가는 편이 낫다. ○○

WABI-SABI PEACE
'와비사비'의 평화

WORDS BY LOUISA THOMSEN BRITS

늦여름은 불완전하고 일시적인 것에 감사하고, 그것을 기꺼이
받아들인다는 '와비사비'의 개념을 실천하기에 더할 나위 없이 좋은 계절이다.
루이자 톰슨 브리츠가 이 일본식 정신을 따라 행동해 보았다.

우리는 여름비가 청소하고 지나간 현관 계단을 통해 한산하고 선선한 부엌으로 들어간다. 안에
는 마루 냄새와 갓 구운 케이크의 고소한 향이 진동한다. 식탁 위에 모란꽃 한 송이가 꽃잎이
무거운지 우유병 아래로 고개를 떨구고 있다. 바닥에 흰 꽃잎 하나가 떨어져 있고, 나무 쟁반 위에는
조그만 도자기 잔이 누군가의 손길을 기다리며 얌전히 놓여 있다.

"이게 마지막 남은 세 개예요. 거의 50년을 이 잔으로만 마셨죠." 이웃인 그가 티포트로 차를 따
라 주면서 웃으며 말한다. 뚜껑과 맞닿아 있는 티포트의 부드러운 곡선 부분에 나무 손잡이 한쪽 끝
이 떨어져 붙어 있다. 새파란 힘줄이 선명히 드러난 그의 손은 매일 아침 정원에 나가 일을 한 탓인지
얼룩덜룩 햇살에 그을려 있다. 찻잔이 하나씩 채워질 때마다 시간이 멈추고 흐르기를 반복한다. 멀리
서 자동차 문이 닫히는 소리와 까마귀가 깍깍대며 우는 소리가 들려온다.

악보의 쉼표처럼 매 순간, 모든 물체 사이에 있는 공간이 느껴진다. 창가에는 집주인의 작은 보
물들이 한 줄로 쭉 늘어서 있다. 헤그스톤(자연적으로 구멍이 난 돌), 조각이 새겨진 목각 상자, 작은
쥐 해골, 청록색 부싯돌, 가느다란 촛대 등이 가지런히 놓여 있고 오븐 위에는 마른 리넨 행주가 반
으로 접힌 채 걸려 있다.

아들이 내 무릎 위로 올라왔다. 우리는 느긋하게 휴식을 취하고 싶거나 소중한 것을 잃어버렸
을 때, 다루기 힘든 도구가 있을 때, 대처할 수 없는 난감한 일이 발생했을 때 마음의 위안을 얻기 위
해 이곳을 찾는다. 친절하게도 문은 언제나 열려 있어서 고양이들은 물론, 저녁 공기까지 살며시 안
으로 들어온다.

우리가 함께 있는 이 시간은 달콤하면서도 씁쓸하다. 친구가 친히 열어 둔 문과 그의 따뜻함, 절
제, 문 앞에서의 환대, 자갈길, 늦은 오후의 고요함, 길게 늘어진 그림자, 어떤 것도 영원히 지속되지
않는다는 깨달음이 한데 얽혀 감성을 자극하기 때문이리라.

불현듯 인생의 굴곡과 뭐라 꼬집어 말할 수 없는 그 본질에 대해 생각하다가 삶에 대한 애정이
샘솟는다. 그리고 석양 아래에서 천천히 부엌 안으로 미끄러져 들어오는 긴 그림자처럼 피할 수 없
는 인생의 흐름을 떠올린다.

우리는 각자 도자기 잔을 두 손으로 살포시 감싸 쥐고 잠시 멈춘다. 거칠게 닳은 잔의 감촉이 손
바닥으로 전해진다. 그들이 들었을 수많은 대화에 대해 생각해 본다. 그리고 찻잔을 만든 도예가의
손길을 느낀다. 그렇게 잔은 저마다 서로 다른 역사와 불완전함을 품고 있다. 우리는 예의상 모든 잔
을 사용해야 할 것 같은 묘한 책임감을 느끼면서 마치 입맞춤처럼 모든 것에 혼을 불어넣는 와비사
비의 위력을 깨닫는다.

와비사비는 평범하고 평화로운 집 어디에나 있으며 거기에 필요치 않은 존재란 없다. 풀, 담쟁이 덩굴, 그리고 수많은 생명들이 앞마당에서 살아간다. 그 안을 들여다보면 자연과의 조화, 소박함, 질서, 평화로움이 공존한다. 이곳 역시 부드러운 분위기와 조화, 신비로움, 그림자, 뭐라 표현할 수 없는 매력이 존재하는 장소이며, 풍요로우면서도 미묘한 차이로 다르게 흘러가는 삶을 누릴 수 있는 곳이다. 창문으로 보이는 마당의 호두나무가 창틀을 액자 삼아 한 폭의 그림 같아 보인다. 우리는 왠지 모를 쓸쓸한 마음에 집 안을 살피고, 먼 곳을 응시한다. 밖에서 자전거 소리와 밝은 웃음소리가 들려온다. 초에 불을 켜고 있는 이웃도 보인다. 넓적한 그릇 안에는 저녁식사로 먹을 요량으로 캐온 감자와 방금 따온 딜이 담겨 있다.

분주한 거리에 자리한 이곳은 계절이 바뀌듯이 성장과 쇠퇴가 끝없이 반복되고 있다. 하지만 언제나 우리를 반갑게 맞이한다. 여기에서는 성취한 일들만큼이나 부족한 면도 환영받는다. 검소함과 즐거움을 누릴 줄 아는 능력이 서로 다른 삶을 사는 우리를 한데 엮어 주는 실과 같은 역할을 한다. 이곳의 테이블 앞에서는 똑똑해 보일 필요도, 경쟁할 필요도, 잘난 체 할 필요도 없다. 이웃은 우리의 사정을 이해해 주고 마음껏 있으라 한다. 그리고 다시 만나기를 약속하며 호두 케이크를 건넨다. 케이크는 여전히 따뜻하다. 아들이 마지막 남은 한 조각에 앙증맞은 손을 뻗는다.

아이의 순수함과 삶의 환희, 마음씨 좋은 이웃과 고요함 사이 어딘가에 와비사비의 길이 존재한다. 그것은 시간이라는 선물과 연륜이라는 오래된 멋을 통해 우리가 불완전함과 일시적인 것을 만끽할 수 있도록 해 준다. 와비사비는 소박하고 낡은 오랫동안 간직해 온 것에 대한 소중함을 깨닫게 한다. 또한 화려한 껍데기는 벗어 던지고 순간의 꾸밈없는 아름다움을 품에 안으라고 가르친다. 완벽함의 구속에서 벗어나 찬란한 젊음의 상실에 대한 두려움을 떨치고, 금전적인 고민에서 자유로워지라고 말한다.

이곳에 올 때마다 우리는 와비사비라는 생활 직물을 짜는 법을 배운다. 열린 마음, 겸손함, 진실함에 마음의 문을 연다. 그리고 함께 차 한 잔을 나누는 일이 바로 평온함의 첫 시작이며, 말끔하고 정갈하게 치워진 공간에서 고상함이 묻어 나온다는 걸 깨닫는다. 와비사비는 인간이 무언가를 갈망하고 마주하는 매 순간 소박한 것과 일상의 소소한 일들을 서로 연결시켜 혼을 불어넣어 주고 그 고결함을 빛나게 한다.

와비사비는 탐욕에서 자유로운 장소다. 사람으로 치자면 녹이 슬고 페인트가 벗겨져 나간 모습에서 아름다움을 발견하고 바위, 밀랍의 윤기, 유목, 딱정벌레의 지혜를 이해하는 사람이다. 그는 와비사비는 세상을 보는 방법이며 세상에 존재하는 방법이라고 말한다. 또한 와비사비는 마른 잎, 나무 숟가락, 바람에 말리려고 널어놓은 빨래, 해어진 가죽, 야생화, 순면, 세심한 관심이기도 하다.

와비사비를 통해 우리는 자연과 조화롭게 사는 방법을 깨닫고 사물의 자연적 질서를 믿게 된다. 아울러 스스로 통제하기 힘든 소유욕을 내려놓고, 가볍게 살면서, 집에 애정을 갖고, 타인을 너그러운 마음으로 대할 수 있는 방법을 배울 수 있다.

세심한 친구는 새들도 먹을 수 있도록 바닥에 케이크 부스러기를 뿌려 주고 자신은 접시를 닦는다. 아들이 접시 걷는 걸 돕겠다고 한 발로 뛰어내리다가 컵이 바닥에 떨어져 깨지고 만다.

"괜찮아. 신경 쓰지 말렴. 원래 영원한 건 아무것도 없단다. 그리고 오늘 저녁 함께 할 수 있어서 즐거웠어." 깨진 조각을 주워 창틀에 올려놓은 그는 부엌문을 열어 놓으려고 받쳐 놓았던 빗자루를 가져와 나머지 조각들을 천천히 쓸어 담는다. 잠시지만 그가 매일 이 집 안팎을 둥둥 떠다니는 먼지와 빛의 일부가 된 것처럼 보인다. 우리는 주어진 인생에서의 이 아름다운 순간과 그의 모습을 마음 속에 소중히 새긴다. ○○

FEW

여럿이 누리는 즐거움

幾人かの楽しみ方

○ ○ ○

EVER-BLOOMING BLOSSOMS
사철 벚꽃

WORDS BY ASHLEY SCHLEEPER & PHOTOGRAPHS BY KATHRIN KOSCHITZKI

벚꽃은 잠깐 피었다 금방 사그라진다.
그렇다면 우리가 알려 주는 대로 종이접기 꽃을 만들어
사계절 내내 옆에 두고 보는 건 어떨까.

벚꽃은 피었다가 볼 만하면 어느새 지고 만다. 지나치게 수명이 짧아서 만개한 순간 마치 발레리나가 무대 뒤로 물러가듯 바로 후드득 떨어진다. 벚꽃이 아름다워 보이는 이유는 꽃잎이 한꺼번에 피기 때문이다. 그래서 꽃잎이 없을 때는 외로운 섬 같다. 하지만 봉오리가 서로 다른 가지까지 넘어가 꽃을 피우면 꽃잎들이 부드럽게 얽히면서 마치 뭉게구름처럼 보인다. 꽃이 핀 나뭇가지 아래에는 '하나미(꽃놀이)'를 즐기는 소풍객들이 모여서 서로 정감어린 농담을 주고받는다. 그러나 안타깝게도 하나미 기간 역시 만개한 벚꽃처럼 순식간에 지나가 버린다.

사쿠라만큼이나 일본 문화를 대표하는 오리가미(종이접기 예술)는 눈 깜짝할 사이에 피고 지는 벚꽃의 농락에서 벗어날 수 있도록 해 준다. 여기 종이를 구부리고, 주름 잡고, 접어서 종이꽃에 숨을 불어 넣는 순서가 소개되어 있다. 하루에 몇 개만 만들면 꽃이 조금씩 피는 모습을 즐길 수 있다. 그렇다고 만드는 데 많은 것이 필요한 건 아니다. 약간의 인내심만 있으면 된다. 거기에 물감을 짤 만한 작은 볼, 가위, 물에 적셔지는 아주 얇은(약 30g) 종이를 준비한다. 주의할 점은 꽃잎을 한 장씩 펼치기 전에 물감을 완전히 말려 주어야 한다. 이것만 기억한다면 언제든 사시사철 지지 않는 벚꽃을 감상할 수 있을 것이다.

1.

2.

3.

4.

5.

6.

7.

8.

MIRACLE WEED: WAKAME HARVEST

경이로운 산물, 미역

일본의 작은 섬 시노지마에 다녀왔다.
거기서 한 가족이 바다에서 미역을 건져 손질한 다음
어떻게 접시 위에 담아내는지 그 과정을 지켜보았다.

WORDS BY SAWAKO AKUNE WITH HITOMI THOMPSON & PHOTOGRAPHS BY PARKER FITZGERALD

동도 트지 않은 캄캄한 부두에서 그들을 만났다. 가로수만이 덩그러니 불을 밝히고 있는 부둣가를 걸어오는 그들의 모습이 사라질 듯 아련해 보였다. 새벽 5시였다. 그들은 두터운 작업복과 가슴팍까지 내려오는 고무턱받이로 중무장을 한 채였다. 그러고도 작은 수건으로 목을 칭칭 감싸서 끝을 웃옷 앞깃 안으로 밀어 넣었다. 미역 철은 짧디 짧다. 서둘러 출항 준비를 마친 그들은 작은 배에 올라타 바다를 향해 천천히 나아갔다.

아키카도 츠지는 아이치 현에 있는 시노지마 섬에 살고, 거기서 일한다. 츠지 가족은 미역 양식을 하고, 츠쿠다니(치어 간장조림)를 만들고, 정어리와 치어를 잡는다. 도쿄 사람들에게 시노지마가 어디 있는지 물으면 아는 사람이 거의 없을 정도로 이곳은 아주 작은 섬이다. 일본에서 세 번째로 큰 도시인 나고야에서 기차로 한 시간 반을 들어가 다시 배로 갈아타야 한다. 섬 전체 길이는 6마일이 채 되지 않고 지타와 아추미 섬의 중간쯤에 자리하고 있다.

2천 명 남짓 되는 섬 주민 대부분이 시노지마에서 태어났다. 그들은 거기서 나고 자라 가업을 이어받는다. 츠지도 그중 하나다. 여기서 태어나 소꿉놀이 친구와 결혼을 했고, 두 사람은 함께 가족을 꾸려 가고 있다.

오늘은 츠지와 그의 두 아들, 그리고 조카들이 새벽 출항에 나섰다. 미역 양식장은 부두로부터 섬 반대편에 위치해 있다. 그들을 실은 배가 칠흑 같이 어두운 수면 위에 난 작은 표시를 따라 미역이 있는 곳으로 천천히 접근했다. 이 표시 덕분에 미역이 타고 자라는 로프를 건드릴 위험은 없었다. 마침내 모두가 한 줄로 늘어서 동시에 로프를 들어 조심스레 미역을 끌어올렸다.

해가 떴지만 마치 햇살을 등에 업은 듯 바다 위에서 작업이 한창이었다. 건져 올린 매끄러운 미역이 양동이 속에서 빛을 받아 반짝반짝 빛나고 있었다.

이렇게 수확한 미역은 곧장 항구로 옮겨 시장에 내다 팔 준비를 한다. 이때 기계는 사용하지 않는다. 빛나는 갈색 미역을 커다란 솥에 넣고 표백하면 밝은 초록빛으로 변한다. 그러면 표백한 미역을 여자들이 일일이 손으로 가공 처리한다. 한 손으로 미역 줄기를 잡고 다른 한 손에는 칼을 쥔 채 빠르게 이파리와 줄기로 나눈다.

부드럽고 잎이 무성한 부분이 우리가 익히 알고 있는 미역인데 종종 딱딱하게 말리기도 한다. 씹으면 오도독 거리는 줄기는 얇게 자르면 점성이 생기면서 맛이 좋아진다.

주로 미소 된장국에 사용되는 미역은 샐러드나 새콤한 스노모노すのもの(어육이나 채소에 식초를 친 요리)로 먹어도 맛있다. 그리고 밥을 지을 때 넣으면 특유의 짭짜름한 맛이 밥에 밴다. 미역은 일본인들의 식탁에서 빠지지 않는 주된 재료이다. 그런데도 대부분의 사람들은 얼마나 많은 미역이 재배되고, 가공 과정이 얼마나 번거로운지 잘 모른다.

마돈나의 개인 요리사로 오랫동안 일하면서 그녀에게 마크로비오틱 식습관(식품을 있는 그대로 섭취해야 한다는 식생활법)을 적극 추천했다고 알려진 마유미 니시무라도 시노지마 출신이다. 마유미는 츠지 가족을 두고 "내가 말을 배우기도 전부터 친구 사이였다."고 말한다.

이 섬은 본토 혼슈와 거리상으로 가깝다. 하지만 날씨가 짓궂고 바다가 거칠면 며칠 간은 왕래가 불가능하다. 이러한 생활환경 때문에 오늘날 섬에 남아 있는 거주민들은 자급자족하는 라이프스타일을 갖게 되었다. 그들은 바다에서 난 자연의 선물을 직접 수확해 정성껏 조리한 다음, 다함께 즐기는 전 과정을 삶의 일부로 받아들인다. 마유미가 고수하는 음식에 대한 철학은 여기서 비롯됐음이 분명하다.

츠지 가족이 수확해서 손질한 미역으로 마유미가 직접 요리해 상에 올렸다. 음식에서 풍겨 오는 강하고 진한 미역 향이 이미 우리의 오감을 만족시키고 있었다. ○○○

WAKAME CUCUMBER SALAD

미역 오이 샐러드

RECIPE BY MAYUMI NIIMI & PHOTOGRAPH BY PARKER FITZGERALD

미역은 말린 해초로 종류가 매우 다양하다. 슈퍼마켓 수입품 코너나 아시아 물품을 취급하는 시장, 또는 천연 식재료 상점에 가서 미역을 찾아보라. 미림은 일본의 곡주로 대개 슈퍼마켓 수입품 코너에 가면 찾을 수 있다.

말린 미역 1컵(약 30g)

바다 소금 1/2티스푼(3g)

5cm 길이의 씨 뺀 오이(약 45g), 얇게 자른 것

현미 식초 1/4컵(60ml)

메이플 시럽 2테이블스푼(30ml)

간장 1티스푼(5ml)

미림 1테이블스푼(15ml, 선택사항)

볶은 깨 2테이블스푼(20g)

참기름 약간(선택사항)

만드는 법 1. 미역을 볼에 넣고 찬물을 부은 다음 불린다. 미역이 부드러워질 때까지 약 15분에서 최대 하룻밤 동안 둔다.

2. 미역을 불리는 동안, 자른 오이에 소금을 쳐서 스트레이너(물을 걸러낼 때 사용하는 거름체)에 넣고 10분간 둔다. 그 뒤 키친타월로 두드려 말린다.

3. 미역을 물에서 건져 물기를 꽉 짠 다음 먹기 좋은 크기로 자른다.

4. 현미 식초, 메이플 시럽, 간장, 미림(선택사항)을 작은 냄비에 넣고 섞은 다음 중간불로 약간 졸 때까지 2~3분간 끓여준다. 불을 끄고 작은 볼에 옮겨 담은 후 상온에서 식힌다.

5. 볼에 미역, 오이, 참깨, 참기름(선택사항)을 넣고 버무려 상에 낸다. ○ ○ ○

4인분

TREE TO TEA: THE LIFE OF LEAVES

나뭇잎에서 차가 되기까지: 녹차 잎의 여정

WORDS BY JOSH LESKAR & PHOTOGRAPHS BY JULIA GRASSI

일본에서 녹차를 재배하는 농부들은 녹차 잎이 줄기에서
자라나 차가 되기까지 엄청난 기술과 생각뿐 아니라
혼신의 힘을 다해 인내심을 갖고 애정을 쏟아 붓는다.

녹차의 아름다운 생애는 크게 두 부분으로 나뉜다. 먼저 순이 돋고, 가지가 자라 차나무가 되어 최상의 녹차를 얻기까지 녹차를 기르는 농부는 수개월 동안 쉼 없이 일하며 인내해야 한다. 하지만 차나무가 한번 제대로 자라고 나면 30년에서 50년 동안은 자신이 가지고 있는 것을 아낌없이 주기 때문에 농부는 그간 쏟았던 사랑과 보살핌에 대한 보상을 받는 셈이다. 오랜 시간 공들여야 하는 이 지루하고도 기나긴 과정은 소중하고도 짧은 순간들로 이루어진다.

묘목에서 자라난 차나무가 잎을 수확해도 될 정도로 자라려면 3년에서 5년이 걸린다. 차나무는 그냥 두면 대략 15미터까지 큰다. 마치 아장아장 걷던 아기가 어느 날 비틀비틀 뛰어다니며 손에 닿는 물건을 죄다 잡아채는 것처럼 차나무 또한 순식간에 자라난다. 그래서 농부는 직접 관리할 수 있는 높이로 줄기를 다듬은 다음 가지가 수평으로만 뻗어 나가게 해야 수확기 때 허리 높이에서 편하게 찻잎을 딸 수 있다.

차나무를 키우기에 가장 이상적인 지형은 산꼭대기로 이어지는 비탈길이다. 경사진 토지는 나무가 성장에 필요한 수분만 머금고 나머지 물은 잘 빠져나가게 한다. 또한 산악지대는 차나무가 영양이 풍부한 땅 속 깊숙이 쉽게 뿌리를 내릴 수 있도록 해 준다.

그러나 고도가 높은 지대는 급격한 기후 변화 때문에 대체로 농사짓는 데 애로사항이 있다. 낮 동안에는 잎이 햇빛을 충분히 흡수하지만, 저녁에는 찬 공기 때문에 식물이 스트레스를 받아 성장에 방해가 되기 때문이다. 그런데 놀랍게도 차나무는 이러한 어려움을 극복해야 오히려 더 품질 좋고, 영양 많고, 맛좋은 잎으로 거듭난다. 이는 잎에 저장한 엽록소를 빼앗기지 않으려는 녹차의 생존 본능 때문이다. 그래서 종종 농부들은 수확기를 몇 주 앞두고 차나무에 검은 천을 덮어 둔다. 녹차 잎이 앞으로 닥칠 위험에 미리 반응하게 해 스스로를 보호하도록 하기 위함이다. 즉, 녹차나무는 어려운 환경을 이겨 내고 스스로 안정성을 유지하며 자라나도록 해야 한다.

(108쪽에서 계속)

"일본 사람들은 녹차를 하나의 예술이자, 존경하고
느긋하게 즐기며 소중히 간직해야 하는 의식으로 여겼다."

고대하던 수확의 날이 찾아왔다. 겨울 내내 얼었던 잿빛 땅 위로 청명한 하늘이 펼쳐지고, 뿌리에서 줄기를 타고 올라온 영양분이 추위에 움츠려 있던 잎에 도달하는 이른 봄만이 찻잎을 따는 유일한 시기이다. 그렇게 찾아온 봄은 지난 계절 동안 안개를 담요 삼아 잠자던 찻잎들에게 부드럽고 촉촉하게 무르익었음을 알려 준다.

이렇게 그해 처음으로 딴 찻잎으로 우려낸 신차しんちゃ를 우린다.

수확 시기가 너무 이르면 딸 수 있는 잎이 많지 않고 맛도 덜 하다. 또 너무 늦어지면 차의 질이 떨어진다. 조금만 있어도 몸이 녹초가 되어 버리는 따가운 햇살 아래서 일꾼들은 민첩하고 정확하게 몇 시간 동안 찻잎을 딴다. 줄기에서 맛이 최고로 좋은 가장 바깥쪽 잎 두 개만을 따서 바로 차집 Tea House에 넣는다.

찻잎을 따는 농부의 손길은 다른 누구보다도 분주하다. 찻잎은 나무에서 떨어지는 순간부터 생물학적 시계가 뒤로 움직이기 때문이다. 그러면 효모 때문에 찻잎이 빠르게 산화되어 찻잎 자체를 못 쓰게 될 수 있다. 그래서 따온 잎들은 더 이상 상태가 나빠지지 않도록 재빨리 대나무 바구니에 넣고 쪄야 녹차의 상징인 초록색을 얻을 수 있다.

와인 제조자처럼 차를 재배하는 사람은 예술가가 된다. 찻잎을 찌는 시간은 20초에서 2분까지 지속할 수 있는데 그 미묘한 시간 차이가 찻잎이 녹차 제품으로 가공되었을 때 맛을 좌우한다. 방금 딴 찻잎, 즉 '아라차あらちゃ'는 일반적으로 건조에서 조형 과정까지 거치는 제작사들한테 팔린다. 찻잎 재배에서 수확, 가공까지 전 과정을 혼자서 관리하는 농부는 오늘날 보기 힘들다. 그들은 (자식 같은) 자기들의 상품을 잘 키워 세상에 보내면서 그 찻잎이 생명을 다해 자신의 임무를 완수하리라 믿는다.

일본 사람들은 녹차를 하나의 예술이자, 존경하고 느긋하게 즐기며 소중히 간직해야 하는 의식으로 여겼다. 나무에 붙어 있을 때 찻잎에 깃든 평온과 고요함은 나무를 떠나 여러 과정을 거치는 동안 잠시 사라지지만 가족, 친구들과 함께 김이 모락모락 나는 따뜻한 찻잔을 마주하며 다시 깃든다. ○○○

MATCHA

잔잔한 분위기에서 즐기는 마차

RECIPE AND FOOD STYLING BY DIANA YEN, THE JEWELS OF NEW YORK

STYLING ASSISTANTS SUSANNA MOLLER, KALI SOLACK & PHOTOGRAPH BY SETH SMOOT

녹차 잎을 마차(분말로 된 녹차)로 만들기 위해서는 부드러운 손과 장인의 기술이 필요하다. 마차로 만들기 위해 재배된 잎은 부드러워야 하기 때문에 평생을 그늘에서 자라야 한다. 수확하기 전 농부는 녹차 잎을 수련 잎처럼 납작하게 만든 다음, 잎 가장자리가 말려 들어갈 때까지 햇볕에 최대한 노출시킨다. 잎에서 줄기와 잎맥을 제거한 뒤 바로 맷돌로 갈아 밝은 갈색의 고운 분말로 만든다. 뜨거운 물에 넣고 저어 마시는 마차는 일본 수도원의 선종 의식 때 주로 마신다. 하지만 나른한 오후에 친구들과 함께 나누어 마시는 것도 꽤나 괜찮을 것이다.

마차 잔 또는 다른 작은 찻잔	마차 스쿱
작은 대나무 젓개	마차 분말 파우더

만드는 법 마차 잔에 뜨거운 물을 1/3 정도 부어 따뜻하게 데운다. 잔이 골고루 데워지도록 천천히 원을 그리듯 잔을 돌린다. 젓개를 잔에 넣고 저어 젓개 끝을 따뜻하게 데운다. 물을 따라 버리고 마른 행주로 잔의 물기를 완전히 닦아낸다.

마차 분말 2스쿱(3/4티스푼, 약 7g)을 데운 잔에 넣는다.

끓기 직전의 물을 잔의 1/3까지 오도록 붓는다.

젓개를 사용해 마차를 저어 준다. 거품이 충분히 일 때까지 앞뒤로 저은 뒤 손님에게 대접한다.

주의사항: 마차는 곱게 갈아진 최고 품질의 녹차이다. 만약 덩어리가 져 있으면 가는 그물체로 덩어리를 으깨 주면 된다. 가벼운 도자기로 된 마차 잔은 전통적으로 일본의 다도에서 사용되어 왔다. 보통 차를 마실 때 사용하는 잔과 작은 대나무 젓개는 수입차를 전문으로 취급하는 매장에서 구입할 수 있다. ○○○

1인분

SOUL FOOD
일본을 대표하는 음식

WORDS BY ISAAC BESS (WITH KAORU HUDACHEK) & PHOTOGRAPH BY ERIN KUNKEL

'컴포트 푸드'는 마음을 편안하게 하고 행복한 만족감을 주는
음식을 뜻한다. 미국에서는 녹인 치즈가 컴포트 푸드다. 영국에서는
차와 토스트가 그렇다. 그렇다면 일본의 컴포트 푸드는 무엇일까?
한때 도쿄에서 살았던 작가가 친구들과 이 주제를 놓고 논쟁을 벌였다.

1986년 나는 가족과 함께 뉴욕에서 일본으로 이사를 갔다. 지금은 그때가 언제였는지 기억이 가물거릴 정도로 샌프란시스코 생활에 젖어 살고 있지만, 일본에서 만났던 친구들과는 계속 연락하며 지내고 있다. 그리고 그중 몇몇은 매주 이곳 캘리포니아에 모여 함께 요리를 해 먹는다. 일본의 컴포트 푸드가 무엇인지 궁금해져서 가장 먼저 물어본 사람들도 바로 이들이다.

처음에 나는 오뎅, 가라아게, 오무라이스, 피자만(구운 돼지고기를 중국식 빵 사이에 끼워 먹는 포크번 형태)처럼 일본에서 유명하고 전통이 있는 음식 정도가 컴포트 푸드 리스트에 오를 수 있지 않을까 생각했다. 이런 건 편의점에서 손쉽게 구할 수 있는 재료로 주부라면 누구나 만들 수 있는 메뉴이니 말이다.

또한 함바그스테이크라 불리는 음식도 떠올려 보았다('햄버거'와 헷갈리지 마시길). 이 음식은 세계 대전 이후 일본 국민들이 즐겨 먹던 음식으로 미국의 햄버거에 돼지고기를 넣고 케첩 대신 데미글라스 소스를 더한 뒤 빵은 완전히 없애 일본식으로 바꾼 메뉴이다. 지금은 '로열 호스트Royal Host'나 '조나단스Jonathan's'와 같은 패밀리 레스토랑에서나 먹을 수 있지만 말이다. 그래서 나는 그렇게 현대식으로 꾸며진 곳에 가면 10살 때 요코하마 교외에 살았던 시절의 향수가 떠오른다.

어찌됐든 함바그 역시 고리짝 메뉴일 수 있다. 어쩌면 스파게티를 컴포트 푸드라고 하는 것과 마찬가지일지도 모르겠다. 하는 수 없이 나는 이 문제를 놓고 일본 친구들에게 도움을 요청했고 결국 이메일상에서 뜨거운 논쟁이 벌어졌다. 정말이지 컴포트 푸드는 논쟁의 대상이 될 만하다. 두 외국인이 감자 샐러드에 캐러웨이 씨가 들어가는지 아닌지를 놓고 다투는 걸 본 적이 있는가? 정말 치열하게 싸운다. 그와 비교가 안 될 정도로 엄청나고도 긴 이메일 공방이 끝나갈 무렵 최고의 답변은, 내 베스트 프렌드 카오루에게서 나왔다.

"두말할 것 없이 날달걀이지. 우리 가족은 보통 날달걀에 간장이랑 조미료를 섞은 다음 흰 쌀밥에 붓고 거기에다 간장에 무친 말린 미역을 넣어서 같이 먹어. 음, 그 위에 낫토까지 부으면 금상첨화지. 이거야말로 최고의 컴포트 푸드야!" ○○○

이삭 베스는 지금까지 거의 20년 동안 뉴욕, 도쿄, 샌프란시스코를 돌며 인디 음악을 하고 있다.

GLOSSARY

오뎅	おでん	날달걀	生卵
가라아게(튀긴 닭고기)	唐揚げ	간장	醤油
오무라이스	オムライス	조미료	味の素
피자만	ピザまん	흰 쌀밥	ごはん
함바그스테이크	ハンバーグ	말린 미역	のり
햄버거	ハンバーガー	낫토	納豆

A WAYFARER'S SERIES: THE VIEW FROM ABOVE

어느 방랑자의 여행기: 위에서 내려다본 풍경

WORDS BY AUSTIN SAILSBURY

오스틴 세일즈버리가 아래에서 발견한 길과 위에서 바라본 연결의 길,
그리고 어느 프랑스 장인과 일본 장인이 나눈 창의적 교감에 대해 이야기해 준다.

위 에서 내려다본 파리는 치밀한 계획대로 아름답게 만들어진 도시 같다. 마치 대도시는 언제나 그렇게 깔끔해야 한다는 듯 주택, 대로, 교회, 강이 자신에게 딱 맞는 장소를 찾아 자리하고 있다. 에펠탑에서 내려다본 파리는 아이보리색의 외벽에 니켈 모자를 쓴 듯한 빌딩들이 세련된 모습으로 늘어서 있다. 대부분의 빌딩은 바로 옆에 있는 빌딩의 모습과 크게 다르지 않다. 도시는 낮에는 '흰색 도시', 밤에는 '불빛의 도시'라는 드레스코드에 맞춰 통일성을 이룬다. 그렇게 위에서 바라본 파리는 마치 장인의 정교한 손길로 정돈된 작품 같다. 그래서 사람들은 막연하게나마 파리는 영감을 받은 누군가가 정교한 솜씨로 만들었을 거라고 생각한다. 마치 조각의 신이 세상을 축복하고자 위대한 흰색 도시라는 선물을 세상에 내려준 것처럼 말이다.

물론 도시가 영감 하나로만 만들어질 수는 없다. 도시가 자리한 대지의 지형과 역사, 국민이 한데 합쳐져 그 위에 계속해서 자신의 역사를 새로이 쓰거나 덧붙인다. 그렇기에 도시는 그곳에서 살아가는 사람들처럼 그 자체가 살아있는 이야기이다.

나폴레옹 3세가 더욱 질서정연하게 '다시 만들기는' 했지만 파리는 여전히 옛사람들이 만들어 놓은 구불구불한 거리, 오랫동안 방치된 절, 수천 년이라는 오랜 시간의 흔적이 고스란히 담긴 상점, 집, 정원으로 한데 이어진 거대한 패치워크이다. 그 안에는 투쟁과 희망, 가족과 친구, 승리와 패배, 아이디어와 혁명, 실망과 혁신, 발견과 영감에 얽힌 다양한 이야기가 숨어 있다.

어느 여름날 아침, 나는 우연히 이 파리가 담고 있는 하나의 이야기 속으로 발을 들여놓게 되었다. 바로 예술과 머나먼 이국 땅, 그리고 신비한 그림이 든 한 권의 책에 관한 이야기이다. 이는 무엇보다 아래에서 발견한 길과 위에서 바라본 연결의 길에 관한 이야기다.

—

갑자기 비가 쏟아지는 바람에 나는 비를 피할 요량으로 '라 포르테 두 자뎅La Porte du Jardin'으로 뛰어들어갔다. 그곳은 너무나 평범해서 프랑스인은 물론 관광객들조차 그냥 지나칠 것 같은 그런 서점이었다. 손으로 직접 그린 간판이 달린 가게 안으로 들어가니 무뚝뚝해 보이는 가게 주인과 매우 다양한 장르의 책들이 보였다. 어느 한 분야에 빠져 있는 사람에게는 더할 나위 없이 멋있을 테지만 특별한 책을 찾는 사람은 시시할 것 같은 서점이었다. 하지만 우연히 들어간 나에게는 거기 있는 모든 책이 보물처럼 느껴졌다.

나는 무언가에 이끌리듯 '예술 서적' 코너로 갔다. 거기에는 미켈란젤로를 비롯한 이탈리아 화가들부터 미국의 현실주의자는 물론, 프랑스 인상주의 화가들까지 온갖 고전이 총망라되어 있었다. '장인'으로 분류된 책들을 휙휙 넘기는데 낯선 이름이 눈에 띄었다. 앙리 리비에르였다.

먼지 쌓인 책을 집어 들어 앞장을 들춰 보았다. 그는 20세기 초 파리와 브르타뉴 지방에 살던 화가였다. 그러나 내 시선을 사로잡은 건 작품 그 자체였다. 소박한 사람들과 풍경을 주제로 하여 따뜻한 파스텔 톤을 주로 사용한 전형적인 19세기 그림이었지만, 그의 그림에는 뭔가 더 특별한 것이 담겨 있었다. 색은 진하고 군더더기 없이 깔끔했다. 인물과 나무, 절벽의 윤곽은 두껍고 명확한 선으로 처리되어 있었다. 그의 작품에 모호함이란 없었다. 인상주의 같은 느낌도 없었다. 그는 오로지 아이

의 상상력이라는 렌즈를 통해서만 보일 것 같은 장면을 그렸다. 볕에 빨래를 너는 농부, 바위에 부서지는 파도, 마을을 걷는 상여꾼의 엄숙함 등이 담긴 각각의 그림은 단순하면서도 어떤 면에서는 복잡했다. 이내 나는 그 책과, 그 책에 있는 그림, 그리고 새로운 발견이라는 뜻하지 않은 기쁨에 사로잡히고 말았다.

소나기가 걷히자마자 젖은 거리로 나왔다. 물론 손에는 책을 든 채였다. 그리고 저녁이 될 때까지 거리를 방황했다. 그날 리비에르를 우연히 발견한 덕분에 나는 과거에서 영감을 받는다는 의미뿐 아니라 창의성과 문화를 연결시켜 혁신한다는 의미에 대해 조금이나마 이해할 수 있을 것 같았다. 아울러 겉보기에는 단순하기 그지없어 보이는 그림이라도 사실은 엄청난 노력으로 이루어진 장인정신의 결과물일 수 있음을 깨닫게 되었다.

1864년 프랑스에서 태어난 리비에르는 자신의 인생 전체를 작품 활동에 바쳤다. 그는 사진을 찍고, 디자인을 하고, 책을 내고, 그림을 그리고, 판화를 찍고, 몽마르트르 언덕에 있는 '샤 느와르 카페 Chat Noir café'에서 '그림자 인형극'을 만들어 무대에 올리기도 했다. 하지만 그가 가장 잘 알려진 분야는 목판화와 석판화이다. 내 눈을 처음 사로잡은 것도 두꺼운 선으로 프랑스의 시골과 도시 생활의 매력적인 풍경을 담은 판화였다. 그 안에는 정확히 표현할 수 없는 따스하고 특별한 무언가가 있었다.

그 특별한 무언가는 일본어로 '풍속화'를 뜻하는 '우키요에うきよえ'(사회풍속이나 인간묘사 등을 주제로 삼은 목판화)와 직접적인 연관이 있다. 목판화는 다른 형태로도 이미 천 년 전부터 존재해 왔지만, 우키요에는 17세기로 거슬러 올라간다. 풍부한 색채, 고도의 정밀함과 이국적인 분위기, 신비로운 시공간을 특징으로 하는 이 예술은 전형적인 일본 스타일이다.

바로 이것이 일본 판화와 프랑스 예술가 리비에르, 그리고 방랑자의 발견이라는 세 요소가 교차하는 지점이다. 이는 위에서 본 모습이다.

—

파리에서 리비에르의 판화 책을 처음 발견했을 때만 해도 나는 우키요에에 대해 아는 것이 없었다. 그 책을 사고 나서도 석판화와 목판화의 기술을 따로 찾아보지는 않았다. 그리고 19세기 말 서부 유럽을 강타했던 '자포니즘Japonism'에 대해서도 전혀 몰랐다. 알고 보니 그것은 반 고흐, 모네, 피사로, 리비에르 등 여러 예술가들에게 영향을 끼친 문화 현상이었다. 또한 리비에르가 사용했던 높은 수평선, 그림자의 생략, 중심을 벗어난 대상, 대각선 구도가 우키요에의 거장 카츠시카 호쿠사이에게서 비롯되었다는 사실도 몰랐다. 그러나 분명한 건 호쿠사이의 예술 기법이 리비에르의 작품을 통해 전수되었다는 사실이다. 영감은 영감을 낳고, 아름다움은 아름다움을 낳는다. 이것이 위대한 장인의 유산이다. 즉, 한 세대가 만든 최고의 작품은 후대를 위한 씨앗이 되어 이어진다. 모든 창작물의 역사는 발견과 영감이라는 복잡하고 미스터리한 유산이 얼기설기 얽혀 이루어지는 것이다. 이런 식으로 창조는 도시를 넓혀 나가고, 그 '새로운' 건축물은 늘 예전 건축물을 토대로 세워진다.

호쿠사이가 후지 산과 일본 지방의 다리에서 영감을 받아 고안해 낸 목판화 기술은 결국 서양에까지 전해졌다. 약 100년 후 한 프랑스인이 어느 장인의 작품과 사랑에 빠졌고, 일본의 미학을 그 시대에 맞게 변화시켜 자기 나라의 풍경과 색채로 표현하기에 이른다. 그리고 또다시 100년 후, 나는 외국을 여행하다가 뜻하지 않게 다양한 색감의 판화 책을 발견했고 거기에서 영감을 받아 풍경과 구성, 색채 사용에 대해 탐구하게 되었다.

우리는 모두 어쩔 수 없이 주어진 길을 따라 살아간다. 그 길은 자신이 살아온 역사와 처해 있는 상황이 교차하는 시공간의 장소이다. 하지만 아래가 잘 내려다보이는 발코니나 옥상, 혹은 높은 나무에 올라가 바라보면 지난날 우리가 스쳐간 그 길이, 먼 훗날 이 이야기를 발견할 누군가가 지나갈 길임을 깨닫게 될 것이다. ○○○

오스틴 세일즈버리는 덴마크 코펜하겐에서 미국의 역사보다도 오래된 농장에서 아내와 함께 일하고 글을 쓴다. 그는 현재 자신의 첫 소설을 집필 중이다.

RED BEAN MOCHI: DOUGH

팥 모찌: 반죽

RECIPES AND FOOD STYLING DIANA YEN, THE JEWELS OF NEW YORK

STYLING ASSISTANTS SUSANNA MOLLER, KALI SOLACK & PHOTOGRAPHS BY SETH SMOOT

모 찌는 입안에서 독특한 질감을 느낄 수 있는 음식이다. '다이후쿠だいふく'라고도 부르는 이 떡은 만드는 사람에 따라 좋아하는 재료를 안에 집어넣어 먹는다. 찹쌀은 모찌 고유의 씹는 느낌을 주는 핵심 재료이다. 그리고 그 속에 채운 팥소는 물리지 않고 계속 구미를 당기게 하는 달달한 맛의 숨은 주역이다. 은은하고 미묘한 맛을 지닌 모찌는 피크닉을 갈 때나 차를 마실 때 환상적인 궁합을 자랑한다.

찹쌀가루 1과 1/2컵(170g)	고명으로 얹을 검은깨 2테이블스푼(20g)
백설탕 1/2컵(100g)	조리대 위에 바를 옥수수 전분과 밀대
물 1과 1/3컵(245ml)	팥소

만드는 법 찹쌀가루, 설탕을 물과 함께 내열성 볼에 넣고 섞는다. 재료가 물에 완전히 풀려 부드러워질 때까지 주걱으로 젓는다. 랩으로 느슨하게 덮어 전자레인지에서 2분간 돌린 다음 잘 젓는다. 반죽이 끈적거리면 잘 된 것이다.

랩으로 볼을 다시 덮고 전자레인지에서 1분을 더 돌린다. 반죽이 식은 상태에서 손가락으로 찔러보았을 때 튕겨 올라올 때까지 전자레인지 돌리는 과정을 되풀이한다.

물기 없는 깨끗한 작업대 위에 옥수수 전분을 뿌리고 반죽이 눌러 붙지 않도록 손으로 문질러준다. 테이블스푼 크기 정도로 반죽을 떼어 손바닥 위에 올려놓고 지름 8cm 정도의 원 모양으로 평평하게 편다.

그 위에 팥소 1과 1/2티스푼 정도를 동그랗게 얹고 반죽을 위로 모아 오므려 준다.

모찌 위에 살짝 물칠을 하고 마지막으로 검은깨를 솔솔 뿌려 손님에게 낸다.

주의사항: 찹쌀가루는 아시아 식품 매장에서만 구할 수 있다. 끈기 정도를 잘 확인해서 일반 쌀가루를 사지 않도록 주의한다.

위 재료로 모찌 12개 정도를 만들 수 있다.　　　　　　　　　　　　*(119쪽에서 계속)*

RED BEAN MOCHI: PASTE

팥 모찌: 팥소

마른 팥 1컵(185g)	백설탕 3/4컵(150g)
물	소금

만드는 법 팥을 물에 씻어 큰 솥에 넣고 물을 붓는다. 중간불로 끓인 후 불을 끄고 물만 따라 버린다. 다시 솥에 물을 3컵(710ml) 넣고 중간불로 끓이다가 뚜껑을 닫고 약한 불로 줄인다. 중간 중간 저어가며 팥이 부드러워지고 물이 거의 없어질 때까지 졸인다. 약 45~55분 정도가 소요되는데 그 전에 물이 졸면 물을 더 부어 주면 된다.

　　설탕과 소금을 약간 넣고 저은 뒤 완전히 식힌다.

　　팥소는 사용하기 일주일 전에 미리 만들어 뚜껑이 있는 용기에 담아 냉장고에 보관해야 한다.ooo

약 2컵 분량을 만들었다.

다이애나 옌은 아트 스쿨에서 공부하며 음식과 사랑에 빠졌다. 그녀는 아름다운 것이라면 무엇이든 요리와 연관시키는 창작 스튜디오 '더 주얼스 오브 뉴욕'의 창립자이다.

ESCAPE TO KAMAKURA

카마쿠라로 떠나는 여행

도시를 떠나 자연으로 돌아오라는 목소리가 귓가에 맴도는 날이 있다.
도쿄에서 30마일밖에 떨어져 있지 않은데도 카마쿠라에서 찍은 사진에는
이끼로 덮인 숲과 유혹의 손짓을 보내는 해변들로 가득하다.

PHOTO ESSAY BY CHRIS & SARAH RHOADS OF WE ARE THE RHOADS

'위 아 더 로즈'는 크리스와 사라 로즈 부부가 함께 일하는
사진 촬영 및 연출 팀이다. 그들은 세계를 여행하며
다양한 환경에서 작업하는 것을 좋아한다.

SALT-PICKLED NAPA CABBAGE / HAKUSAI NO TSUKEMONO

절임 배추김치

RECIPE BY NANCY SINGLETON HACHISU & PHOTOGRAPH BY GENTL & HYERS

가지와 오이가 여름에 먹는 음식이라면 배추(하쿠사이)와 무는 일본에서 겨울을 나기 위한 음식이다. 일본 농부들은 아무것도 하지 않을 때에도 최소한 배추와 무 농사는 한다. 나는 아직도 밭에서 배추 잎들이 늘어지지 않도록 배추 윗부분을 끈으로 동여매던 시아버지의 모습이 눈에 선하다. 촉촉하고 새하얀 잎들로 이루어진 단단한 원통 모양의 배추는 배추를 세로로 4등분 해서 말려 만드는 배추절임의 좋은 재료가 된다.

나는 뚜껑과 덮개가 있는 삼나무 통에 전통 방식대로 김치를 만든다. 플라스틱 통에 하면 훨씬 쉽지만 굳이 삼나무 통에 하는 이유는 전통 방식에 따라 김치를 만들어 먹는다는 뿌듯함이 있기 때문이다. 삼나무 통에 담근 김치에는 색이 잘 들지 않는 특징이 있는데, 2차 대전 후 일본의 근대화가 일기 전까지는 대부분이 그런 김치를 먹었다.

이 레시피대로라면 완벽하게 발효시키지 못하더라도(그러면 김치가 짭짤하지 않고 달콤 시큼한 맛도 없다) 짭짜름하고, 시큼하고, 어느 정도는 양념 맛이 나는, 누구나 부담 없이 먹을 수 있는 김치를 만들 수 있을 것이다.

배추 작은 것으로 8포기(포기당 600g), 길게 세로로 4등분 한다.	작은 고추 8개 혹은 멕시코 칠리페퍼 6개 분량의 고춧가루
소금 1/2컵(140g)	유자 혹은 메이어 레몬 작은 것 4개 분량의 껍질
마늘 작은 것으로 8알, 얇게 저민다.	

만드는 법 흐물거리는 잎은 떼어 버리고 서늘하고 건조한 장소를 골라 바닥에 신문지를 깔고 그 위에 4등분 한 배추를 놓고 하루 동안 건조시킨다.

플라스틱 통이나 나무 통을 커다란 비닐봉지로 덧씌운다. 자른 면이 아래로 향하도록 해서 통 안에 넣고 배추 잎을 한 겹씩 들춰 소금을 친다. 마늘, 고춧가루, 유자 간 것을 배추에 버무린다. 나머지 배추에도 똑같이 해 주고 다 된 배추는 배추 잎으로 배추통을 단단히 감싸 준다.

통 뚜껑(없으면 넓은 접시 같은 것도 괜찮다)을 덮은 뒤 배추 양에 맞먹는 무게의 벽돌이나 무거운 물건으로 꾹 누르고 그 위에 다시 겉 뚜껑을 덮는다. 직사광선이 들지 않는 서늘하고 그늘진 곳이나, 5~10℃의 냉장고에서 2주 정도 보관한다. 일주일쯤 되었을 때 배추에서 소금물이 적당히 빠져나왔는지 확인한다. 부족하다 싶으면 약하게 탄 소금물(약 3% 염도)을 추가로 뿌려 준다. 만약 곰팡이가 피었다면 절인 배추를 조심스럽게 드러내서 곰팡이 핀 곳을 소주나 보드카와 같은 중성 알코올로 살살 닦아낸다.

한 달 정도 지나야 먹음직스러운 냄새가 나기 시작하지만 먹는 건 절이고 나서 1, 2주 후면 가능하다. 절인 배추김치는 6주 내에 먹는 게 좋다.

주의사항: 유자는 껍질이 울퉁불퉁한 노란색 혹은 연둣빛의 감귤류 과일이다. 구하기 어렵다면 향이 비슷한 메이어 레몬으로 대체할 수 있다. ○○○

6인분

스시에 빠진 낸시 싱글레톤 하치수는 일본 음식을 배워 미국으로 돌아오리라 마음을 먹고 1988년 캘리포니아에서 일본으로 건너갔다 하지만 음식 대신 유기농 농부와 사랑에 빠졌다. 낸시는 일본 농장에서 깨달은 인생의 지혜와 음식에 대해 쓴 요리책이자 회고록인 『일본의 팜 푸드*Japanese Farm Food*』의 작가이기도 하다.

SUMMER MIXTAPE
여름 노래 추천

COMPILED BY BOB STANLEY & PHOTOGRAPH BY LOU MORA

작곡가이자 런던 팝 그룹 '세인트 에티엔'의 멤버인 밥 스탠리는
일본 대중음악에 해박하다. 그가 일본 대중음악 15곡을 추천해 주었다.

선곡된 음악들은 1960년대부터 현재까지 일본 여성 가수가 부른 노래들이다. 가장 오래된 노래
는 에미 잭슨의 노래로 그녀는 일본에서 태어났지만 영국에서 자랐다. 「Crying in a Storm」은
1966년도 노래다. 피치카토 파이브, 카히미 카리의 시부야케이(1990년대 초반의 제이팝 장르 중 하
나)도 살짝 맛볼 수 있다. 카히미 카리의 「David Hamilton」은 말썽쟁이 모모스가 작사한 노래다. 이
밖에도 티니 프라후프가 이끄는 일본 인디 음악도 있고, UK 개러지(1990년대 초반 영국에서 발생한
전자음악 장르)의 영향을 받은 엠플로의 '파쿠리 팝pakuri pop'도 감상할 수 있다(주의: 남성 가수도 일
부 포함되어 있다). kinfolk.com/japan-mixtape을 방문하면 음악을 직접 들어 볼 수 있다. 자, 그럼 이
제 신나게 즐겨 보자. ○○○

밥 스탠리는 영국의 『가디언The Guardian』, 『타임스The Times』에 글을 기고하고 있으며, 올해 10월 '파버 & 파
버Faber &Farber' 출판사에서 그가 쓴 책 『예 예 예: 모던 팝 스토리Yeah Yeah Yeah: The Story of Modern Pop』가 출간
될 예정이다.

THE EXPATS

국외 거주자

뉴욕의 활기 넘치는 분위기는 이주민들이 지닌 창의적인 에너지에서
비롯된 것이다. 그 창의적인 에너지를 발산하는 6명의 장인을 소개한다.

WORDS BY RACHEL JONES & PHOTOGRAPHS BY ADAM PATRICK JONES

이름		직업	
아야카 니시		보석 디자이너	
나이	태어난 곳	사는 곳	
34	가고시마	이스트 빌리지	
자주 가는 곳			뉴욕 거주 기간
이스트 빌리지, 로어 이스트 사이드, 윌리엄스버그			8

이름		직업	
마코토 스즈키		레스토랑 오너이자 셰프 ('보주' '사무라이 마마' '모노 스시 섀크')	
나이	태어난 곳	사는 곳	
50	사이타마	윌리엄스버그	
자주 가는 곳			뉴욕 거주 기간
첼시, 로어 이스트 사이드			19

"사람들은 '귀엽다'는 말을 굉장한 칭찬으로 여기고 무척 좋아하는데 제 스타일은 귀여운 것과는 거리가 멀어요." 보석 디자이너 아야카는 일본에 있을 때 좀 더 여성스러운 디자인을 만들어 내야 한다는 압박감에 부담을 느꼈다. "저는 오랫동안 소장하고 싶은 것을 만들고 싶어요." 그녀는 벌집의 느낌을 살린 반지와 생선 비늘을 연상케 하는 가죽 목걸이처럼 유기적이면서도 골격이 드러나는 다소 괴기스러운 아름다움을 추구한다. '갈비뼈 금팔찌'라는 작품은 팔찌 중심 부분에 툭 튀어나온 일곱 개의 가시 모양을 본따 이름을 지었다고 한다. 이렇게 자연을 표현하는 그녀의 미적 감각은 유전적인 것이었다. "환경의 영향이 컸어요. 어머니가 꽃꽂이 아티스트여서 꽃과 함께 자연에서 뛰놀며 지냈고, 아버지가 의사여서 해부도에도 관심이 매우 많았죠."

"(미국에서) 전통 방식 그대로 일본 음식을 만들고 싶어 하는 사람들이 있어요. 하지만 그건 불가능합니다. 우선 재료부터가 다르니까요. 환경은 말할 것도 없고요. 하지만 윌리엄스버그에서만 맛볼 수 있는 음식을 만드는 건 가능합니다." 마코토는 1994년 뉴욕으로 건너와 브로드웨이에서 배우 생활을 하면서 비자를 얻기 위해 헬스 키친에 있는 '코다마 Kodama'에서 일했다. 하지만 비자 기간이 만료되고도 10년 동안 일본으로 돌아갈 수 없었다. 결국 마흔 살에 영주권을 얻었고 그는 새로 태어난 듯한 기쁨을 느꼈다. "이제 뭐든 할 수 있겠다는 기분이었죠. 제일 먼저 제 이름을 단 레스토랑을 열고 싶었어요." 마침내 그는 김이 모락모락 나는 우동과 아름다운 스시를 결합한 그만의 요리를 만들어 냈고, 음식 비평가들과 지역 주민들에게 사랑받는 레스토랑을 갖게 되었다.

이름		직업
히로코 타케다		텍스타일 디자이너
나이	태어난 곳	사는 곳
46	나고야	브루클린 하이츠
자주 가는 곳		뉴욕 거주 기간
코블 힐, 캐롤 가든, 애틀랜틱 애비뉴		10

이름		직업
리사 니시모리		도자기 공예 강사 (토게이 교시츠 스튜디오)
나이	태어난 곳	사는 곳
30	뉴욕	루스벨트 아일랜드
자주 가는 곳		뉴욕 거주 기간
첼시, 로어 이스트 사이드		30

"일본에서 했던 거라도 여기서는 할 수가 없어요. 일본은 옛날 전통 문화가 살아 있는데, 여기에는 여러 문화가 뒤죽박죽 얽혀 있잖아요. 시장도 없고요." 그녀는 이카트, 스텐실, 홀치기 염색과 같이 아주 전통적인 일본 텍스타일 기술을 배웠다. "학교에 입학하려는데 할머니께서는, '그걸 배우려고 굳이 대학까지 갈 필요가 있니? 동네 사람들도 다 하는 일인데.'라고 하시더라고요." 히로코는 런던의 「영국왕립예술학교」에서 디자인 기술을 배우고 디자인 대회에서 입상하면서 뉴욕에 스카우트 제의를 받았다. 그런데 2010년 회사가 프랑스로 사무실을 옮기면서 선택의 기로에 놓였다. "홀로서기를 해야 할 때라고 느꼈죠." 그녀는 브루클린에서 그녀가 하던 대로 직물을 디자인하고 천을 짜기 시작했다. 그리고 지금은 『캘빈 클라인 홈Calvin Klein Home』, 『DKNY』를 상대로 작업 중이다.

"주로 특정 가문에서 태어난 사람들이에요. 왜냐하면 그들은 가족이 수 세대 동안 지켜 온 전통을 계속 이어 나가기 때문이죠." 어떤 사람들이 일본에서 문화적인 전통을 자랑하는 도자기 관련 일을 배우는지 궁금해하자 리사가 이렇게 답해 주었다. 엄밀히 말해 외국인은 아니지만 그녀는 맨해튼 한복판에서 물레 없이 도자기 빚는 방법과 물레로 성형하는 일본 전통 기술을 가르치는 일에 매우 만족하는 듯했다. 그녀의 부모님은 일본에 있는 네 개의 주요 섬 중 가장 작고 가다랑어 음식으로 유명한 시코쿠에 살다가 뉴욕으로 건너왔다. 그리고 공예 강습을 받고 1994년에 스튜디오를 열었다. 그로부터 19년이 흐른 지금은 리사가 그 스튜디오를 운영하고 있다.

이름		직업
준 아이자키		건축가 (크렘 디자인Crème Design)
나이	태어난 곳	사는 곳
40	사이타마	윌리엄스버그
자주 가는 곳		뉴욕 거주 기간
윌리엄스버그		20

이름		직업
마사미치 우다가와		공동 창립자 (안테나 디자인Antenna Design)
나이	태어난 곳	사는 곳
48	도쿄	파이낸셜 디스트릭트
자주 가는 곳		뉴욕 거주 기간
이스트 빌리지, 로어 이스트 사이드, 윌리엄스버그		17

"어드밴티지를 받고 있는 것 같아요. 일본인이어서가 아니라 다른 나라에서 왔다는 사실 때문에요." 준의 회사 『크렘』은 현재 『단지Danji』, 『레드 팜Red Farm』과 같이 상류층 고객을 상대하고 있으며 '철인 요리왕Iron Chef' (최고의 요리사들이 펼치는 요리대결 프로그램) 우승자인 호세 가르세스 같은 훌륭한 셰프와도 파트너십을 맺었다. 사실 준은 가르세스가 필라델피아에 오픈한 레스토랑 일곱 곳을 모두 디자인했다. "좀 신기해요. 라틴풍 건축을 주로 맡아 왔는데 사실 라틴 쪽은 일본과 문화적으로 아무 관련이 없잖아요. 그런데도 저하고는 잘 맞는 것 같아요. 사실 다들 여기(뉴욕)에 있지만 어차피 모두 다른 곳에서 온 사람들이니까요."

"저는 이 도시, 그중에서도 지하철에 영향을 많이 받았어요." 마사미치는 제2의 고향인 뉴욕을 두고 이렇게 말한다. 그는 미국 국내선 비행기 제트블루의 체크인 단말기와 『블룸버그Bloomberg』의 디스플레이를 비롯해 뉴욕 지하철과 MTA 뉴욕 지하철 승차권 발매기의 최신 모델을 디자인했다. "상품 디자이너로서, 저는 늘 소비자에 대해 생각해야 합니다. '누가 이걸 사용하게 될까?' '어떻게 사용할까?' 등을요. 오랫동안 소비자는 제게 추상적인 개념이었어요. 그런데 지하철 프로젝트를 맡고 자동판매기 작업을 하면서 처음으로 소비자에 대한 개념을 제대로 파악했어요. 그때 이후로 그 개념은 절대 잊지 않는답니다." 그가 추구하는 건축은 고전적이고 간소화한 미(美)에 효율성을 더하는 것이다. "에너지와 재료를 최대한 적게 사용하고, 과정을 줄이고, 간단하게 만들면 훨씬 더 세련된 결과물이 나옵니다." ○○○

아담 패트릭 존스와 레이첼 존스는 뉴욕에서 일하며 살고 있다. 그들은 베란다에 앉아 사람들을 구경하면서 이야기를 나누고 커피 마시는 걸 좋아한다. 기업가 정신이 투철한 이 커플은 뉴요커를 주제로 한 온라인 주간지 『인더스트리 오브 원Industry of One』을 만들고 있다.

SPECIAL THANKS
Paintings Katie Stratton
The Tsuji family
The Niimi family
Partnership with Kodak

Kodak
PROFESSIONAL Products

ON THE COVER
Fog Linen designer Rieko Ohashi
Photograph by Parker Fitzgerald

LOVES FOOD, WILL TRAVEL:
AN INTERVIEW WITH EATRIP'S YURI NOMURA
Production coordinator and translator Takamasa Kikuchi

IKEBANA: LEARNING TO BRANCH OUT
Photo assistant James Fitzgerald

TREE TO TEA: THE LIFE OF LEAVES.
A HARVEST ESSAY ON GREEN TEA
Production coordinator and translator Takamasa Kikuchi
Tea buyer Yasuhisa Iwazaki, Maruhide Iwazaki Seicha
Tea farm/field Jiro Katahira, Houkouen
Tea blender/nose master Fumio Maeda, from Maeda
Koutaro Shouten

RECIPE: MATCHA
Cast iron pot Korin

RECIPE: RED BEAN MOCHI
Linens SRI Threads
Noguchi lamp The Noguchi Museum, New York

ENDNOTES

THE ELEGANCE OF IMPERFECTION:
AN ESSAY ON JAPANESE GARDENS

Teiji Ito, *Space and Illusion in the Japanese Garden*, trans.
Ralph Friedrich and Masajiro Shimamura (New York:
Weatherhill, 1973), 15.

Robyn Griggs, "Wabi-Sabi Time," in *Less is More:
Embracing Simplicity for a Healthy Planet, a Caring
Economy and Lasting Happiness*, ed. Cecile Andrews and
Wanda Urbanska (New York: New Society Publishers,
2009), 159.

Crispin Sartwell, *Six Names of Beauty* (London:
Routledge, 2004), 83.

WASABI HARVEST

Natsu Shimamura, "Wasabi," *The Tokyo Foundation*,
June 2, 2009, http://www.tokyofoundation.org/en/top-
ics/japanese-traditional-foods/vol.-18-wasabi.

World of Wasabi, run by Michel Van Mellaerts, various
articles, accessed March 28, 2013. http://wasabi.org.

—

HAND DYE COORDINATION: A GUIDE TO LEARNING
THE JAPANESE TEXTILE ART *SHIBORI*

Thanks to Kathryn Manzella and Ai Kanazawa of Studio
KotoKoto for speaking with *Kinfolk* about Japanese
ceramics, *yo no bi* and *mingei*. Visit their website at
http://www.studiokotokoto.com/about-kotokoto.

Thanks also to Rowland Ricketts for speaking with
Kinfolk about the indigo dyeing process and the plants
he grows and nurtures to make indigo dye. You can find
Rowland at http://www.rickettsindigo.com.

—

KEEPING TIME: AN ESSAY ON THE JAPANESE
CONCEPTS OF *ICHI-GO ICHI-E AND MONO NO AWARE*

Thanks to Martha Robinson for speaking with *Kinfolk*
about ichi-go ichi-e and mono no aware and about how
each of the two concepts is heavily influenced by, and
seen through the lens of, the other.

—

WABI-SABI PEACE:
AN ESSAY ON THE JAPANESE AESTHETIC

The Wabi-Sabi House by Robyn Griggs Lawrence
Wabi Sabi: The Japanese Art of Impermanence by
Andrew Juniper
In Praise of Shadows by Junichiro Tanizaki (translated by
Thomas J. Harper and Edward G. Seidensticker)

—

TREE TO TEA: THE LIFE OF LEAVES.
A HARVEST ESSAY ON GREEN TEA

Diana Rosen, *The Book of Green Tea* (Pownal, Vermont:
Storey Books, 1998).

Kevin Gascoyne, Francois Marchand and Jasmin
Desharnais, *Tea: History, Terroirs, Varieties* (Buffalo,
New York: Firefly Books, 2011).

Dawn L. Campbell, *The Tea Book* (Gretna, Louisiana:
Pelican Publishing Company, 1995).

—

A WAYFARER'S SERIES: THE VIEW FROM ABOVE.

Valérie Sueur-Hermel, *Henri Rivière: Paysages Bretons;
études de Vagues* (Langlaude).

Armond Fields, *Henri Rivière* (Olympic Marketing
Corp, 1983).